你的职场，不再孤独

郑和生 / 编著

西安出版社

图书在版编目（CIP）数据

你的职场，不再孤独 / 郑和生编著 . -- 西安：西安
出版社，2018.1

ISBN 978-7-5541-2870-1

Ⅰ．①你… Ⅱ．①郑… Ⅲ．①成功心理－通俗读物
Ⅳ．① B848.4-49

中国版本图书馆 CIP 数据核字（2018）第 008066 号

你的职场，不再孤独

著　　者：	郑和生
责　　编：	赵郁芬
出版发行：	西安出版社有限责任公司
社　　址：	西安市长安北路 56 号
电　　话：	（029）85253740
邮政编码：	710061
网　　址：	www.xacbs.com
印　　刷：	三河市天润建兴印务有限公司
开　　本：	787mm×1092mm　　1/16
印　　张：	18
字　　数：	254 千
版　　次：	2018 年 6 月第 1 版
	2018 年 6 月第 1 次印刷
书　　号：	ISBN 978-7-5541-2870-1
定　　价：	39.80 元

目 录
CONTENTS

第三辑 CHAPTER 03
竞争越大，成就越高

第四辑 CHAPTER 04
逃避越久，错误越大

目录
CONTENTS

第五辑 CHAPTER 05
相处越好，行事越易

第六辑 CHAPTER 06
计划越细，效率越高

第七辑 CHAPTER 07
实力越强，机会越多

目录
CONTENTS

第八辑 CHAPTER 08
自信越大，成功越近

第九辑 CHAPTER 09
心态越好，突破越易

第十辑 CHAPTER 10
理智越强，发展越远

定位越准，
地位越稳

初入职场，最重要的是要找到自己的定位，因为定位越准确，你未来的地位也就越稳固。然而，做好定位并不容易。人生最无奈的事情，并不是找不到前进的方向，而是你不清楚自己所处的位置。很多时候，你不是高估了自己的能力，就是低估了自己潜力。

做好
自我定位

　　不论是职场新人，还是职场"老油条"。要想在职场乃至社会中顺风顺水，最重要就是先做好自我定位。职场上也是风水轮流转，三十年河东三十年河西。如果自己都不清楚自己想要的是什么，想得到的是什么，几个回合下来东南西北都分不清，你不被社会抛弃，也会自己沉沦。所以说，保持一个清晰的头脑至关重要。

　　为什么一定要自我定位呢？最简单的道理就是，假如不知道自己的方向在哪里，又如何知道该先迈左腿还是右腿呢？每次我到那些神庙，总能看见不少年轻人烧香许愿，听到他们喃喃祷告：菩萨保佑我得到财富，得到权力，得到幸福，得到好爱人……我总是要想：什么是财富？什么是权力？什么才叫幸福？什么样的人称得上好爱人？等等。就算是真有神仙，如果你不能明确地说出自己想要什么，神仙也不知道该给你什么啊。

　　正因为没有给自己定好位，有多少人在职场中随波逐流，继而浑浑噩噩度过一生。事实上，那些在事业上做的风生水起的人，一直都很清楚自己能做什么、能做到什么程度。他们牢牢把握住了自身的定位权，所以才能在事业的道路上一步一个脚印地往前走。

　　你不为自己定位，并不代表你就没有定位，只是这个定位权已经被自己拱手相让。如果一个求职者这样对企业说："我什么都能做，您就看着办，给个什么职位都行。"那么他被录用的几率几乎为零，因为企业不知道该如何给他定职位。

　　同理，如果你不给自己定位，别人就会按其理解给你定位。所以职场才会出现如下种种状况：哎！我对我现在做的这份工作一点兴趣都没有，烦死了；郁闷！

我们主管老是让我做我不喜欢做的事情；其实我对做这个很善长可我们领导却总是分给我别的任务。造成这些纠结的重要原因，就是他到底明不明白自己喜欢的、善长的是什么。他有没有主动去与人沟通，与上司沟通，主动让自己的想法被人理解？

鲁迅先生有段话非常经典，大意就是中国人有三种，一种是坐稳了奴才位子的，一种是做了奴才而位子还不稳的，一种是想做奴才而不可得的。有一次我拿这个嘲讽某哥们，说他是第三种，恨不能天天扒着总经理的衣角让他回头看一眼就兴奋半天，偏偏总经理鸟都不鸟他一眼。他反唇相讥：那你也不过是个坐稳了位子的奴才。我哈哈大笑，说为什么？他回答一句话巨经典：打工的都是奴才！我正色相告：一个有理想有信念的人，自己为自己负责的人，就不是奴才。正由于在你心底，对打工者的定位都是奴才，所以你才会拼命地想做一个好奴才，可惜你连做奴才都不知道怎么做，故只能是鲁迅先生所说的第三种人。在这个前不见古人后不见来者的时代，如果没有坚定的信念、价值观和使命，没有明确的自我定位和目标，不沦为奴才的希望渺茫。

打造属于你的标签

如果让你用一句话对《三国演义》中的每个人物进行评价，你能做到吗？可能并不难。例如诸葛亮，一般人喜欢用"智慧的化身"来概括，鲁迅先生则评说《三国演义》把他写得"多智而近妖"，可见多智是肯定的了，而陈寿在《三国志》中则评价诸葛亮行政一流，军事稍逊。除此之外对他的评价还有很多，比如"鞠躬尽瘁，死而后已"、"诸葛一生唯谨慎"等，再说曹操，时人谓之"治世之能臣，乱世之枭雄"，也是非常生动传神的概括。

随便翻开哪本史书，从中都不难找到对历史人物类似的贴切评价。自古中国就有一个说法为"盖棺论定"，从而更进一步演化出皇帝大臣死后的"谥"法，其中的每一个字，都有其特定的意义和褒贬。为什么会出现这种情况呢？原因很简单，给一个人贴一张"标签"，更方便我们对这个人的理解与分析。

现在，请用一句话来自我评价。难不难？如果你平时就没考虑过这个问题，那么难度是显而易见的。让我们换一个场景，假设今天你去应聘，主考官说：给你30秒钟，请你做一下自我介绍。你该如何表述呢？

一般的简历上都有自我评价一栏，内容上基本都是大同小异，无非就是具有团队精神、主动积极、勤奋肯干、沟通能力强等。说到这，让我想起了某次听到的一个自我介绍：我叫某某，我的特点是沟通能力强，完了。呵呵，这样介绍，无论如何也不能把他与沟通能力强一词联系到一起。那么简历上这些常用语有没有用呢？答案是肯定的。如若不写这些，或许在第一轮简历筛选时就石沉大海了。

不过，这并不是我所谓"一句话定义你自己"的意思。

"一句话定义你自己"并非表面看起来那么简单，实际上它有着非常复杂的内涵在里面。其目的，就是让你如何在主流的芸芸众生中与众不同，而且让这种与众不同为主流所认可、接受甚至推崇。正如历史上聪明人多了去了，为何单单诸葛亮能得美名"智慧的化身"呢？又如历史上昏庸暴君无数，为何商纣王却独得大名呢？因为他们都被主流社会贴上了"一句话定义"，不管是不是盛名之下其实难符，反正"一句话定义"被千万人重复千万遍，便跳进黄河也洗不清了。一个想在职场和社会上有所成就的人，就一定要学会善用这种"一句话定义"的力量。

"一句话定义你自己"的力量何在呢？就在于它的简洁明了。越简单明了的东西，越容易被人记住，也越容易被人传播，杀伤力也就越大。所以，在完成自我分析和定位后，一定要想出一句话，使你的形象栩栩如生。

但是，你的"一句话定义"一定要适合你的状况。就好比判定一双鞋的好坏，首先是要看它是否合脚这是一个道理，一个与你的实际情况偏差太大的定义，不仅不会被公众（老板、同事、朋友等等）所认同，还会造成非常恶劣的负面印象。

有个人，跑去应聘总经理助理的职务，在面试时，面试官请他用一句话评价自己。他回答说：我从小志向高远，一直以征服天下为己任。这个"一句话定义"真是让人记忆深刻，只是与他的实际情况和职位要求偏差太远。

面试官笑笑，说：你真是一个非常上进的人。潜台词自然就是：我这座庙太小，供不起你这尊大佛。如果抱着这种"以征服天下为己任"的"一句话定义"去打工，我不知道他把自己摆在什么位置去与上下级和同事相处。再说，这句话毛病太大，听到的人不禁会想，他到底是想从政还是从商？想在哪个领域去征服天下？

这样的定义，只会给别人留下一个负面印象，很可能瞬间，公众心中已经给他下了相反的定义："一个从小志大才疏目中无人爱吹牛的人"。而一旦这样的负面定义被人认定，试想，他在这家企业还有什么职业前途可言？

一个好的"一句话定义"，无论是出自自己的想法，还是来自于别人的总结，首先都应该被自己所认可，并愿意为了维护这个"定义"去工作、去表现自己，只有这样，你才算掌握了自己人生的主动权。而"一句话定义"的重要性就在于，你不为自己下定义，别人就会给你下定义，须知这就是人的本性。就像我们出去郊游，看见不认识的花花草草，一定会随口问旁人：那是什么植物？其实想想看，知道它的名字并不代表你就了解这种花草的特性，但人性就是这样，觉得知道花草的名字就是了解它了。奇怪吗？是有点奇怪，但事实就是这样。职场有如郊游，你就是这样一株不知名的花草，如果你不自己为自己起个名字，并把名字告诉别人，那别人只有按自己的理解来给你起名字了。糟糕的是，对别人给自己下的定义大部分人都不满意，后果就是感觉自己被别人误解了，却又无从辩解。

比如上面那位朋友，如果他本着"踏实做人认真做事"的"自我定义"去工作，在这个定义并未为公众所认识到之前，那么领导可能会从他的角度给你下定义"这是一个没有上进心得过且过的人"，相差何止千里！背上这样的负面定义，再想纠正舆论偏差，就得付出好几倍的心血。

合适的"一句话定义"，是与你的自我定位、实际情况、工作职责要求、企业文化要求紧密联系在一起的。现在大部分人写简历，看见别人都写什么具有团队精神、沟通能力强、领导能力强等等，就依葫芦画瓢照搬过来。我想第一个这样去形容自己的人肯定是高手，但时至今日，已经不知几千几万的人都在这样形容自己，那么这种原本让人有视觉美感的语言便显得苍白空洞，也失去了它原有的实际意义，可能只对机械筛选有点作用。在设计"一句话定义"上，一定得有某种程度的创新，更确切地说，是换一个角度审视自己。

最高级的"一句话定义"是什么样子呢？就应该像《幸运52》中的猜词那样，如果我说：猜一个人，他鞠躬尽瘁死而后已，你八成会答"诸葛亮"（或许有人会说"周恩来"，道理是一样的）。如果哪天你能达到仅用一句正面意义的虚词描述你自己，只要说出这句话，你的老板，你的同事就知道是你，那这个"一句话定义"就算大功告成。

达不到最高级别的，退而求其次，就是在一句话中必须用上实词，而不能光用形容词和副词这些虚词来描述自己。比如我说：猜一个人，他辅佐刘备三分天下鞠躬尽瘁死而后已。你一定会答"诸葛亮"（还说是周恩来那就一定是猪头了，呵呵）。为什么这次很清楚了？因为虚实结合地表述一个人，效果就会完全不同。同时，这个表述中把诸葛亮的功劳（业绩）也概括进去了，如果孔明应聘，光这一句话便可过关。

专心做好
一件事

如果你曾经看过走钢丝的杂技，你会发现，杂技演员都是双脚走一根钢丝，没有同时两根钢丝横在半空，一脚走一根的。为什么？因为两根钢丝比一根更不容易保持平衡，摔下来是必然的。

可现实生活中，却有不少人在同时走两根，甚至更多根钢丝。比如身在职场心在创业就是最常见的一种。能够同时走两根钢丝的人必定是高手，但就算高手，最终也只能选其中一条来走。当断不断的后果，就是一条也走不成，在钢丝上惨淡收场。

小张和小李同一天入职一家知名外企，分别担任不同分公司的经理。小张在好几家不同行业、不同类型的公司工作过，所有与他共事过的人，对他的评价是聪明、有创意、潜力股，但却不是太成熟。他希望通过打工学习经验，如果时机成熟，便自立门户做老板，大展拳脚闯出一片新天地。小李之前在两个外企工作，平均每个企业工作四年。相比小张，他显得才智平凡，凡事循规蹈矩。对于将来，他清楚地知道自己不具备独立创业的素质和能力，认定职业经理人才是最适合的路，有着清晰的职业目标和规划。

两个人的职位相同，工作内容相同，工作业绩也不相上下。但两个人的表现方式却大相径庭。小张本着学习经验为创业做准备的心态，仅仅关注工作的质量和个人的成长，对于大企业常有的一些规范和礼仪，都持无所谓的态度，他常想，反正将来我是要自己创业的，这些俗套没什么用。但有时他也觉得这家公司还不错，长期做下去也可以。无所谓的态度和聪明、创意相结合，使他很快成为企业上下公认的"怪才"。小李则时刻注意自己的言行，只要有同事在场，无论什么场合，说话都是开会讨论总结发言的风格。虽然在小张眼里，小李是一个有点虚伪的人，但他的成熟得体，也为公司上下所认同。

时光如梭，小李被提拔成区域经理，成为小张的直接上司。小张对这次提拔颇有不满，因为无论从工作的哪个角度，他认为自己做得都不比小李差，甚至很多方面自己的能力和业绩更胜一筹。但长久以来，老板们好像只看见小李的成绩，对小张所做的一切都熟视无睹。当然小张很快就自我放松了，反正自己最终是要创业的，而小李则是要做个职业经理人，各有所求，无所谓。但当小张再认真思考时，才发觉自己离创业的目标依然很远。因为他只是想创业，却没有真正为创业做过实际准备。再看看现在这份工作各方面都不错，创业的冲动似乎也不再那么强烈。小张开始困惑了，以后的路，自己到底应该何去何从……

打工和创业就像两根不同的钢丝，如果你不赶快一心一意只走一根钢丝，后果就是自寻死路。企业为什么提升的是小李而不是小张，原因当然还有很多，但其中很重要的一个原因就是小张自己的想法干扰了自己。打工不如意的时候，就想着自己还有一条后路去创业，创业没机会的时候又想着自己还能旱涝保收地打工。抱着这种想法和心态，就算打工的业绩不错，但细节和态度上必然有所表现，这种表现就足以让小张失去晋升的机会。

近年来，似乎跳槽的人越来越多，一问之下，几乎异口同声地说去读书。经常有朋友也这样告诉我，问为什么？回答说现在工作不如意。再问那你想以后怎么办？朋友说读完了再找个待遇好的工作，有机会就自己创业。每当听到这样的回答，我的第一个反应就是，又一个一事无成的人就此诞生。创业这件事情并非是人人都能做的，更不是人人都能做成功的。实际上，创业有它的特殊要求在里面。

说白了，读书与创业之间并没有什么必然的联系。我也不明白所谓"待遇好"的工作与创业之间有什么必然关系？如果你总是想着打工只是临时的，既不好好工作也不下定决心去创业，那就一定要搞清楚，你最终想做什么样的人？看看我们周围，打工也没打好，创业也没创成的人实在是太多了。

因此，究竟是打工还是去创业，这种问题最好早点想清楚，一旦想明白了就不要再胡思乱想了，赶紧行动起来，老老实实去走自己那根钢丝吧。

[就业与创业 之选要明智]

很多大学生一毕业就走上了创业之路，认为这很酷。

有的甚至大学没毕业，便缀学创业，仿佛自己一下变成了比尔·盖茨。

毕业就创业，有可能成功吗？不能说没有，但是概率微乎其微。因为此时创业，资金、经验、资源都少得可怜，很难支撑你走向创业之路。

一、你可以创业吗

放眼商海，那些频频失利，入不敷出甚至倒闭的企业，其创立者很多都是刚出校门的高级知识分子。他们有着丰富的理论，超强的想象力，以及周密的计划和足够的信心。他们认为，事情就该朝着自己设计好的方向发展，一旦中间出现点什么小的状况就手忙脚乱，没了主见，那么等待你的只有两个字——失败。

因为生活是真实的，残酷的。它不像韩剧里演的那样，没事了喝喝咖啡看看电影那么简单。他们之所以会失败，不是能力不足只是时机不到，他们缺少的是资金、社会经验和社会公共关系。创业前必须考虑周全做好充足的准备，因为创业的结果除了成功就是失败，失败了就有可能背负一笔巨大的债务，欲速则不达。创业是好事但要量力而行。

也许有些学生在步入大学时便已有自主创业的目标了，但是，"磨刀不误砍柴工"，还是先以积累经验为主，先就业再创业，最好是在毕业后找一家与自己未来创业目标较吻合的单位先工作一两年，为自己今后的事业打下坚实的基础。届时，你便会发现，这短短一两年的经历，对你未来的旅途来说是何等的珍贵，因为有了这段旅途，你会因此而少走很多弯路。虽然有些弯路或许只是耽误了些时间，而有些则造成无法挽回的后果，更有甚者需要你用一生的时间为代价去弥补。这是前期投资是必不可少的过程，人生短暂请别走弯路。如果你省略了这段经历，可能等待你的将不会是掌声与鲜花了。

二、不要因为找不到工作，而选择创业

近年来，面对大学生就业压力的与日剧增，衍生出了许多就业观念。这其中，选择创业成了很多大学生在找工作不顺利时最常见的一种选择。其实这种被迫创业的选择，是非常错误的，成功率也非常低。在这种情况下，相对于被迫创业，降低期望值才是缓解大学生就业压力的一个非常有用的观念。在这种观念下，其具体做法便是：

"先就业、再择业"，即所谓的"骑驴找马"，你可以在今后的工作中继续寻找适合自己的工作，但是基于生存的需要，最好还是先找到一份工作。不要因为想要一步到位而失去眼前的机会。

回归"大自然"选择基层就业。随着科技的日新月异，管理制度的日益完善，大对数机关事业单位用人制度改革后，人才需求量减小；大型企业多处于结构调整时期，用人量也在减少；合资企业则大多是技术密集型企业，用人规模不大，吸纳员工有限。但是现在小企业和街道、社区等基层机构则恰恰相反，对大学生的需求量较大，因此，把眼光瞄准基层不失为明智之举。

退而求其次，回西部或小城市就业。国家号召西部大开发已数年，而西部的发展也令是人瞠目结舌，因而相对于那些发达地区和大城市，这些城市的就业压力将会较小，而现今强大的就业竞争态势下，那些专业、学校、学历上不占优势的大学生，与其在都市里，唯唯诺诺，意志消沉，还不如到西部那些欠发达的城市里，去做开拓者，正如改革开放那时的下海者，或许会得到不一样的收获。

[三思
才举步]

求职，常常伴随着各种各样的选择，有选择，就面临着各种各种的矛盾。你必须理清这些矛盾，才能顺利找到适合自己的那份工作。

一、一步到位与循序渐进的矛盾

现在社会提倡，先就业后择业，先稳定后发展。这是有一定道理的。别总以为自己有多么能耐，自己的工作就应该高薪，多假、体面、轻松，知识分子在这个时代已经不像 20 世纪中那么吃香了，别想着一下子就找到一份合适自己的工作，还是那句话先就业后择业，解决温饱才是关键，别搞的毕业了还让家人养着，做事情要一步一个脚印踏踏实实地干，这才是登上成功之路的捷径。

二、理想职业与现实需求的矛盾

兴趣是最好的老师，大多数大学毕业生往往在求职过程太过注重对于热门行业的追求，以至于和好的工作失之交臂。随着技术的日新月异，新经济产业、网络企业和 IT 产业成为求职者的热门，大家往往是蜂拥而上。但是，事物是相对的，这些行业的门槛也是较高的。它对于求职者的学历、工作经验都是有严格的要求的，同时有些行业还要求拥有各种各样的附加能力，如市场开发能力、营销经验、人际交往能力等等。然而，纵观往昔，我们发现真正在这个行业取得成就者，大多是经验丰富的人，并且还是一些在传统行业有所成就的。所以，如果你在求职过程中找不到自己感兴趣的且又热门的工作，鱼与熊掌不可兼得时，可以退而求其次，改变方向，寻求一份与之相关的工作，等市场门槛降低，并且自己拥有足够多的经验，再重新涉足自己原先感兴趣的领域，实现自己心中的夙愿。

三、工作性质与收入之间的反差

大学生因为其自身的优越感，往往在求职过程中，受其主观意志的影响与可能会有好的发展的工作失之交臂。到人才市场走一圈，尽管有些职位的工资并不高，但是你还是会发现像文秘、文员、行政等方面的职位，与求职者数量有着巨大的反差。而高收益的营销专业的人数需求往往是文员的两至三倍，但应聘者却寥寥无几。差别之所以这么大，是因为许多大学生在工作性质与收入之间往往更看重前者，主观地认为干营销需要长年在外奔波，比较辛苦，而做文员之类的工作则呆在办公室里，更有可能发展成白领。但是，事实会真的如我们所想的那样纯粹吗？当今社会需要的是真正有能力的人才，而营销工作固然辛苦，但更能锻炼人，个人成长空间更大，对一个人今后的发展将会更加有利。而且营销人员的报酬直接与业绩挂钩，数年后他们的报酬会令文职人员自愧不如。因此，大学毕业生在面对职业选择时，应该针对自己的实际情况，慎重选择适合自己的发展道路。工作不分贵贱，人品才见高低，所谓三百六十行行行出状元，不能唯工作性质论。

四、求稳心态与职业风险的矛盾

受中庸思想的长期的浸染，许多大学生出于对工作稳定的考虑，至今还不愿意到国内的乡镇企业和私营企业工作，首选的目标仍然还是政府机关、外资、合资和国有企业等一些"铁饭碗"或成为一名公务员，为此他们不惜绞尽脑汁，哪怕托关系走后门，甚至花重金也在所不惜，表现出普遍的求稳心态。然而实际上，现在许多乡镇企业和私营企业给出的待遇已经接近甚至高于外资企业，但大部分毕业生认为这些企业体制不够健全，前途不明朗，职业风险大，不愿意选择。其实，对于刚走出校门、缺乏社会经验的大学毕业生而言，进这种小单位还是比较有发展前景的，它们正是用人之际，正因为它缺少人才老板才会重用你，至于工资待遇当然也好商量，你还可以在那里充分发挥自己的各方面能力，为以后的事业打下坚实的基础。就像三国里的诸葛亮，他之所以投靠刘备不是因为刘备比曹操厉害，而是因为曹公手下谋士如云，自己去了也不会得到重用，宁为鸡头不为凤尾嘛！

五、职业经验与自信心的矛盾

在人才交流中心，我们往往看到，大多数的招聘单位都会标明，有经验者优先。社会中，对于经验的要求越来越高，但是，这对于刚刚走出大学校门的大学生来说，往往是最缺乏的，无形中便将他们拒之门外。缺乏自信心的大学生看到这样的要求时，往往便会转身就走。然而"有经验者优先"也只是标明优先而已，并未说不可一试。如果你觉得自己有能力胜任，能很快上手的话，大可以前去一试，放手一搏。招聘单位对有勇气和自信的大学生都是很欣赏的，即使你未能成功，也不必太在意，结果并不重要，而重要的只是你在其中所获的经验。或许，最终你失败了，但这个结果也只能说明你暂时还不适合这份工作，并不表示你不够优秀。也许在将来的某一天，你一定可以胜任那份工作。

六、不同职位的矛盾

有些时候，找工作就像买东西一样，机会多了也常常感到难以选择。

比如说，你去商场买了一个东西，商家随即赠送你些礼品，虽然有很多的赠品，如果你只能选择一样时，你便会"深思熟虑"一番，细细地比较看看，那些对你来说会更有好处。如果商家只是给你一个赠品，那么你便不会花费十几分钟的时间去思考，从而浪费了那么多的时间。当一个人可选择的职位多了，将会有这样的那样的心理，越让你挑，你越不知道哪个好，很难果断地作出决定。

此时，就需要花费很多的时间，相对冷静地思量自己的未来发展方向了，选择那个与你发展方向最为接近的位子，选择前梳理好自己的思维脉络，多听听他人的意见和建议作为参考，多收集些相关的信息，但要切记，当断则断，好多机会都会稍纵即逝，犹豫过后往往接踵而来的是懊悔。最重要的一点是，永远不要"回头"，一旦作出了决定，就不要再去思量得与失，越是频繁地回头，便更会觉得自己选择的路有误，这其实是一种心理定势，在心理学上把它叫做自我的暗示。不要被这样的定势所左右，决断而认同结果，你才能一往而无前。送你一句良言：三思方举步，百折不回头。

[强化优势，
改进不足]

就业能力的缺失，已经成为目前大学生就业难的一个"槛"。人贵在自知，大学生首先应该对自己进行能力、心理、个性等方面的测评，客观掌握自己的优势和劣势，进而强化优势，改进不足，使自己能够在就业的过程当中立于不败之地。

一、提升就业能力

通常来说，就业能力中主要包括以下方面：

1. 职业技能

根据我国的具体情况，可以将职业技能定义为，它是按照国家规定的职业标准，通过政府授权的考核鉴定机构，对劳动者的专业知识和技能水平进行客观公正、科学规范的评价与认证的活动。它包括工作技能、对环境适应的能力等。其中，工作技能的培养，应该从学校开始做起。要充分利用机会深入实际锻炼自己，例如加入学校的某些社团，参加一些社会实践活动；虚心向那些有经验的人学习，弥补自己的不足；同时，在实践中培养分析问题、解决问题的能力。通过以上三个方面实践锻炼，找到自己的不足之处，抓紧在校期间进行弥补。

2. 人际交往技能

人际交往技能是社会基本技能之一。人际交往能力的培养最主要的是要处理好以下几个方面的问题：

①人争一口气，活一颗心，善于和别人交心，做人应虚心，待人要真心。

②人无完人，善于发现别人的长处，多多改正自己的不足，严于律己宽以待人，换位思考，能够体谅他人的难处，包容他人的缺点。

③人无信不立，自信做人、诚信待人。

3. 生活技能

传统意义上的生活技能是一个概念含义很广的词语，它主要是指使儿童青少年将知识（所知道的）和态度／价值（所感觉到的，所相信的）转化为行动（做什么和怎样做）。简而言之，就是个体能够采取正确的、恰当的行为，有效地处理日常生活中的需要和挑战的能力。而这里我们说的生活技能则是是指自理生活、独立解决生活中困难的能力。生活技能的高低直接影响一个人的成就大小。年轻的大学生应该在培养生活技能的过程中显示立身、立世、立业的本领。

提高就业能力，也是个循序渐进的过程。凡事都不可能一蹴而就，更何况像就业能力这样的高难度事情呢！就业并不是一个即时的过程，而是一个相对漫长的过程，即使是有了一份好工作，也会涉及到能否保住这份工作、能否在此基础上过渡到更高的层面上的问题。所以，提高就业能力对我们意义重大，而且，无论何时，你认识到都不会太晚。

二、改行好吗

现今社会中，往往存在一个现象。所学专业与就业专业往往大相径庭。众所周知的惠普公司女总裁卡莉·费奥利那在大学所学的专业竟然是历史。而这种不合逻辑的背离，往往成为困扰毕业生的一个难题。

当每一位大学生，慎重地填写高考志愿表时，我们相信，大多数的学生，都想在所选专上发挥所长，真正做到"学以致用"。但是，迫于就业压力，当你确立所学专业与你毕业时社会的需求情况不完全吻合时，千万不要沮丧。当时的种种预测和麻烦早已被时间抛弃了。所以不必拘泥于从前的想法，即便是毕业以后的就业方向与所学专业完全相同，也不能保证今后你不会面对改行的抉择。毕竟，世事无常，路都会有转弯的时候。据一项社会调查所得，大学生改行随处可见，他们在毕业之初改行的比率为16%，毕业后五年的时间内为29%，十年内的比率为45%。由此可见，改行并不是个别的现象。

"改行"并不仅仅只是与先前的行业有着天南海北的差别，也可以指一些和你专业相似但是却有明显区别的工作。也就是说，虽然看上去好像你的就业结果偏离了你所学专业，但是在内部二者却有着千丝万缕的联系，并不是风马牛不相及，你所学的东西完全能在新的条件下，显现出它的实用性和适用性来。比如，哲学系的毕业生改行去做公务员、记者，甚至是企业管理，好像是行业跨度很大，没什么相联系之处，其实不然，哲学专业的好多课程中的知识其实并没有荒废，其中培养和熏陶出来的思考能力、认知能力、交流能力都可以让你在新的岗位上有所收获。

如果你觉得，大相径庭的改行会让你失去在知识上的优势，从而不能胜任陌生的工作，这个顾虑便是多余的。如果人们只是需要专业知识的话，那么社会上的一些培训机构不是都该关门大吉了吗？

你要明白，大学生活中所学到的东西不仅仅只是专业课上的，在大学那四年里，你将不仅仅只是学到专业知识，更重要的是将会学到如何学习的能力。没有受过高等教育的人和大学生之间有着明显区别，那是因为大学生所学到的专业知识当中有很多的内容不能完全应用到毕业后的工作当中，而学习的方式、方法和能力，却能够时时事事地帮助你应对各种情况，完成各项工作，这也就是尽管大学生都不再如前几年那样是人们眼中的"香饽饽"，但是每年参加高考的人还是令人瞠目结舌。

所以，在比较理想的工作机会和你所学专业产生的矛盾面前，你尽可以抛开那些不必要的顾虑，改行不是一个大得令你头疼好几个月的问题，技不压身，改行不代表你的专业白读了，无论读什么专业，都是为了以后更好的生活。

三、安顿下来再闯荡

现今时代，大学生早已不像过去那样是天之骄子了，随着高等教育从精英教育进入大众教育之后，学生就从精英层走向了大众化。

在这样的情形下，有就业机会还是不要放过为好，越往后拖就业难度越大。机会是不会等人的，因而多数大学生就业的方式应为"先就业，后择业"。拿到毕业证不等于就是人才，一张薄薄的学位证书并不能代表你拥有了做任何事的能力，大学生刚毕业，最好别太注重眼前利益。

在市场经济下，我国尊崇的是按劳分配的分配制度，没有较高的职业技能，没有好的工作成果，你又凭什么对起薪要求甚高。执迷于此，你便往往错失良机，最终找不到合适的工作。虽说"钱不是万能的，没钱是万万不能的"，但是也应该看看自己当前从事的工作是否有利于自己的长远发展，毕竟金钱是一辈子都赚不完的。如果有利于自己未来的发展规划，即使收入暂时低些，也要踏踏实实的工作。

现在社会就业情况不是很好，而且用人单位非常势利，那就是招来的人马上能够派上用处，发挥专长。因为这里涉及到一个培训成本和时间的问题，企业是以盈利为目的的，亏本的事他们是不会做的。所以选择了"先就业，后择业"就可以回避就业压力、经济压力。如果没有满意的单位，你在家也会憋坏的。所以还不如找个单位工作起来，然后积累经验后再找工作的时候就要好多了，会有更多的用人单位要雇用你，而且起点也不会比普通大学生低。

现在"终生学习"的观念已经被越来越多的人所接受，大学毕业只是一个新的起点，对大多数人而言，非"大城市"、"高薪"不干是不太现实的。民营企业最近几年正处于抢手状态，正反映了当今大学生职业观的转变，同时也反映毕业生思想观念的进步。

同一步到位相比，先择业，可以为自己今后的创业打下坚实的基础，我们不妨看看那些成功的企业家的发迹史，不难发现成功的他们只是普普通通的职员，更有意思的是，他们涉及到的不仅仅只是那么几个行业。在积累了一定的资金和经验后再考虑调换到自己心仪的单位或者行业，抑或走自己创业的道路，才是充分实现自我价值的正确途径。

积累资本 创造机会

不经历风雨，怎能见彩虹。学校只是一个小社会，是人生的一个加油站，是就业前一个必经的过程。学习只是过程，就业才是目的，毕业之初的几年时间是人生的一个转折点，从幼稚到成熟，从轻狂到稳健。这是一个积累经验，积累资本实践技能的过程。同时也是一个准备的过程，是那些准备创业者寻找商机的必经阶段。

刚毕业的大学生不要等待机会和运气的降临，而是要创造机会，踏实走好每一步。不要眼高手低，要虚心学习从基层做起，不要急于求成，其实起步的时候从基层做起，根基最为扎实，万丈高楼平地起，根基不牢地动山摇。

在找不到适合自己的工作时，别归罪于学非所爱、学非所用。请你相信"有耕耘必有收获，但不一定是在今天"。社会是多元化的，所有的职位也是应社会发展需要而兴起的，它不考虑是不是符合你的兴趣，对不对你的胃口，这是客观现实，当你不能改变它的时候，你就必须改变自己来适应这个社会，适应这份工作。兴趣是可以培养的，但机会是不等人的。正确的做法是认清自我、认清现实、摆正位置、审时度势。

具体来说，毕业生在选择工作时，应该遵循以下五条原则：

一、大公司、小公司各有利弊

毕业生应该根据自身情况，来选择去大公司还是小公司。而不应该盲目追求大企业、高工资，有时候小企业也是一个不错的选择。

小型公司人员少，往往一个人要担当几个人的职务，好处是比较有利于学到各方面的知识和技能，可以为以后的事业积累经验，同事关系比较好处理。但是制度不明确，规模小生存能力薄弱，承受风险能力较差，一旦外部环境改变，就有频临倒闭的可能。

在这方面一些大公司就相对拥有很多优势。它们规模较大，资金雄厚并且拥有较高的技术，同时拥有较强的市场竞争力及抗风险能力，在这样的公司里，将不会担心随时会失业。但是大型企业人才济济，分工细致，对提高个人的综合能力不是很有利。甚至会是使人失去锐气，变得平庸。

二、先从脚下看去

毕业生要明白自己是"人才"的"半成品"，用人单位之所以招聘你，并不是因为你拥有大学生的光环和一纸文凭，而是希望招到高起点的"学徒"，通过培训后能成为后备的骨干人才。你必须认清现实，摆正自己的位置，才不会在社会这个大剧院里迷失自己的角色。

大凡新人走向社会，必然存在着这样那样的问题，因为他们需要一个过程来熟悉这个新的场景，这个过程就是在走一段坎坷不平的山间小道，不免遇到困难，如果你克服了你就一定可以成功，没有经历挫折的成功不是真正的成功。走在这条路上你必须战战兢兢如履薄冰，时刻打起十二分精神来，要相信自己会用手中的彩笔绘出属于自己的一片天空。

务实不是说你没有选择的机会，但选择并不等同于挑挑拣拣，左顾右盼。如果你这样做的话，往往会造成你的恐慌，无从下手，最终以致失去了最好的时间、最好的时机。令自己后悔终生。

三、人贵在自我管束

成功哪是靠什么天才，有一张纸一支笔就足够了，严寒酷暑从不间断，成就一代画家白石老人；一个信念就够了，走街串巷受尽白眼，披星戴月出门，万家灯火而归，造就了一代富豪李嘉诚；成功靠的不是天生聪慧，而是一种信念、一种毅力、一种习惯。好玉不经过雕刻只是一块石头，天才不能自我约束，没有好的习惯，坚定的信念，结果就是小时了了，大未必佳。

四、冷行业终将变成热行业

科技时代网络先行，21世纪是一个科技化的时代，正是这样一个时代造就了一些热门职业，这类热门职业培训机构亦如雨后春笋，层出不穷。如IT行业，前几年就红得发紫热得烫手。不少人跟时髦抢着进入IT业，不愿进传统行业。致使信息产业人才济济甚至出现了人才膨胀，有许多人不得不重新回炉继续深造。

行业的冷热并不是一成不变的，一个行业发展到了鼎盛时期接下来必定走的是下坡路，股市好的时候不少人选择了财经，当他们毕业时等待他们的不是理想的工作而是失业的现实，不少冷门专业如珠宝鉴定、食品工程等这几年又比较的吃香。所以选择行业的时候不要跟风，要根据自己的实际情况做出正确的选择。

五、实习的重要性

很多几乎就是在偶然中产生的。就如同当年红及一时的电视连续剧《还珠格格》。据有关人介绍，赵薇最初只是面试"紫薇"这一角色的，谁知后来却被选上小燕子这一角色，谁知，却是无心插柳柳成荫，成为真正的大明星了。既然提到偶然就不能不提及机遇。机遇是偶然的，但机遇从来只属于有准备的人，机遇对于有准备之人又是必然的。实习这一机会虽说只是在职业生涯中很小的一部分，但是却有着非常重要的意义。聪明的人一定懂得如何把握利用这个机遇，最大限度地发挥自己的优势和特长，让别人认同自己。实习不仅仅是就业的预演和彩排，很大程度上，它可以转化成为就业的序幕。有很多的毕业生就会在这时被用人单位看重，从而留了下来。毕业前都要进入用人单位，经过一个实习期。表现的好你就会被留下，反之则走人，这段时间你必须把握好。

实习期就是一个过渡期，若不经过实习期而希望进入一些好的单位，那恐怕是白日做梦，难比登天。对于一些好的单位，就算它实力再雄厚也不可能养一些只会说不会做的指挥家，因为它毕竟是以盈利为目的的，它不是慈善机构，不会白养一些对自己没有利益的员工。它需要的是人才，去了就可以上岗的人才。你不经过实习期，去了什么都不懂，说起来夸夸其谈，做起来就目瞪口呆、手忙脚乱，就算企业没有解雇你，你自己可能也不好意思再待下去了。所以不要轻视实习期，要认真对待这段宝贵的时光，处理的好了就有可能会改变你的一生。

调整心态，放低姿态

很多走向社会的大学生，博不精专不透、名虽扬实不够、高不成低不就，总是找不到合适的职位。这是一种普遍的社会现象，他们在骨子里认为，自己寒窗十几年，就算不能进个政府机关，跨国公司，起码也得坐个办公室拿个高薪吧。这种想法是不对的，因为付出与回报是成比例的，在你想要得到那么多的时候，首先应该问问自己付出了多少？眼高手低是不可取的，要从客观条件出发，放低要求，摆正心态，心态决定命运。

别只看到自己付出了这么多，总是埋怨社会的不公，总是感叹大学生不如民工，更有甚者自暴自弃认为大学白上了，上大学没用后悔当初没有出去在社会上闯荡，认为如果不是上学，自己现在可能已是名车洋房，佳人相伴，觉得这么多年是在浪费时间、虚度生命，如果这样想了，就表示这个人看待事物是片面的，也就注定了他今后不会取得多么大的成功，据有关数据透露75%的成功人士都是高学历。

一、摆正心态，放下姿态

人生活在这个世界上，最重要的一件事情就是心态是否健康。因为生活中的成功机遇不是时时都出现在你的身边，相反，困难和挫折长伴随你左右出现。

在困难和挫折面前，最要紧的是心态。心中有阳光，才会全身灿烂；心中充满欢乐，才会满脸微笑；心中充满自信，才会勇往直前，锐不可当。

换一份心情，变一种心态，转一个角度。

二、学历不是所有

这里包含两方面的意思：

首先，不要因为你的学历不高而产生自卑心理。学历不代表能力，同样一个职位高中生就可以胜任，而有的大学生却不能将其做好，这就是能力的问题。业务员这个职位就是最好的例子，一个成功的业务员他必定是一个成功的演讲者，他能够吸引客户，能够很好地与人交谈，交心、以达到交易的目的。

这个职位不需要你有多么高的学历，它重视的是你的社交能力，一个成功的业务员、销售人员就是高薪的代名词。与你同时竞争一个职位的人，或许是本科、硕士甚至是博士学历，而你只是大专学历，但这又有什么关系呢？用人单位并不需要一些装饰的"花瓶"，他们需要的是真正能够办事的实才。所以，不要自卑，尽管你只是大专学历，请相信学历并不能代表一切，它只能从侧面反映一个人的才能，你并不见得没有一点机会。

高学历不代表高能力，也有可能是书呆子。

其次，不要以为自己的学历高人一等就胸有成竹，把宝完全押在自己的学历上，一副万物皆备于你，非你莫属的样子。现今媒体的力量是不可小觑的。近年来，我们常常可以看到很多学理上的天才，生活中的傻子。市场就业压力的剧增，造成了用人单位的"理直气壮"。他们需要的是勤勤恳恳工作的人，而不是一些只知道坐在办公室里夸夸其谈的人。如果这时你能有意识地忽略自己的学历，或许可以更加顺利地获得自己想要得到的职位。

三、经营社会关系

天时、地利、人和，天时可以靠天，地利亦可靠地，但是人和得靠自己，社会是人的社会，更是利益的社会，只有处理好人际关系，才能活得轻松。找工作不是你一个人的事情，而是一群人的事情，父母兄弟、亲朋好友都会跟着急。如果他们热心过了头，说了一两句失言的话，请你不要怪他们。因为那是善意的，只是表达的方式不对。

试想，如果他们对你的事情漠不关心，爱理不理，你会是什么感受呢，也许你会觉得人情冷暖世态炎凉。这时的你，如果不懂得维护好各种关系，就会起到火上浇油的作用，很容易在这个当口给家庭成员之间造成芥蒂。

从另一个角度说，你要善于维护好各种关系，为自己的就业调动家人、亲朋、师长抑或是恋人等等一切积极因素，打造出和谐的环境，只会更有利于你找到一份好的工作。个人主义的时代已经不复存在了，现在是一个合作的时代，需要的是团队的力量，合作的力量。

四、切忌刚愎自用

做事不要刚愎自用，特别是那些在学校里春风得意的人。其实这世界很大，在校期间，你也许是人中的龙凤，但到了社会上，你的那点才情才智，就未必灵验了。骄傲使人退步，虚心使人进步，这句话在近年来颇受人们的质疑，但是其作为一句古语，必然会有其有意义之处。惟我独尊的习气，会害人不浅的，在韬光养晦中，机会或许会更加愿意垂青于你。

虚心总是没有错的，赤无足金，人无完人，你不可能凡事都做的对，尤其在得意的时候，要尽量地掩饰起自己的得意来，就算是装腔作势，也好过赤裸裸的不知天高地厚。人们是不会喜欢那些自鸣得意的人的，如果你过于刚愎，那么便会得罪许多人，一旦你真要出了什么差池，大多数人还是会落井下石的。他们会打开场子，围你在中间，说着"活该！""谁叫你能！""叫你显摆！"等等这样的话，尽情地看你的热闹，到那时才知道夹着尾巴做人的道理，就显得有些迟缓了，由此而失去的，恐怕不仅仅是颜面。

五、人要争一张"脸"吗

打肿脸充胖子，是为了面子；人活脸树活皮说的还是面子，简言之面子就是脸，就是那个最容易引起别人注意的东西。中国人常讲一句话，"死要面子活受罪"。通过以上种种说明了一个道理中国人还是好面子，生活中这类人还是不少的。有人以死相拼原因只不过是因为邻居家的大狗咬伤了自己家的小狗，争执不下而引起的，这类事件屡见不鲜。大学生也是一样。有一部分人在校时为了面子，逼着父母出血为自己买名牌服装、名牌手机、名牌电脑、甚至名车，再留个时髦的发型开着时髦的跑车感觉在同学面前赚足了面子。毕业后眼高手低看不上这个工作，瞧不起那个工作，觉得干那些没面子，从而错失良机。

事实上，在校时成绩好和周围人相处的好才叫有面子，毕业了能在平凡的岗位上干出不平凡的事情那才叫真正的有面子。凡事都要讲求面子上过得去，大学毕业的当口，面子问题就表现得越发突出了，同学间的相互吃请，分别前的礼品馈赠，处处都费尽心机、花钱如流水。其实，这样的折腾到底能换回多少面子，这样换回来的面子又在多大程度上能够给予你有益的帮助？热闹背后，你、乃至你的亲人又要为这昂贵的面子背负怎样的负担？

还有这样的人，为了光彩的面子，不惜去做不光彩的事情。比如有的女生竟然将半裸"低胸照"和展现自己"魅力"与"活泼"的 VCD 当作求职的敲门砖；曾经有一份报道声称在某所大学里，一个班竟然会各个都是班长、团支书；有的同学甚至暗地里找人制作各种假证书，来强调自己的多才多艺和虚假的辉煌等等。抱着侥幸心理，偷奸取巧，把假学历、假证书、假荣誉当作就业的救命稻草，还以为这样做是走捷径，到最后却搬起石头砸了自己的脚。

真正的面子是别人给的，更是自己赚的，它不需要陪衬不需要装饰；真正的面子，是真实的、是本来的面目，这样的面子最真实，也最可贵。你不必为了亏欠的金钱和情感而内疚并背负沉重的负担，不必为了讨好谁而丧失掉自我的尊严，过得轻松，过得豁达而不委琐，这样的人，才是有面子的人。

六、"肚子"大于天

除了面子问题，同时还有一些事情值得我们深思，那就是放不下架子。

很多人怕四处求职会让人很没面子，怕请人帮忙找工作让人瞧不起自己，怕找不到工作而被人说成是废物，怕找不到好工作让人看笑话，怕自己的工作没有同学的工作如意等等。社会是经济的社会，人是经济的主宰，人活着就要消费就要吃饭。

当"肚子"和"面子"不可兼顾时，只能先解决"肚子"后考虑"面子"，这虽然显得残酷了点，但却是务实和客观的态度。怕丢人就把那张虚伪的面具撕下来，扔地上踩几脚。在择业的问题上，没必要为了死要面子而去活受罪。

自信是独立个性
的重要部分

自卑就像一种疾病一样，每个人都有过，无论是曾经还是现在。所以大学生也不例外，都会有的。有的因为家庭贫困，有的因为生理上的原因，有的是因为自身的条件，从而或多或少在心态上表现出自卑的特征。

与金钱、势力、出身、亲友相比，自信是更有力量的东西，是人们从事任何事业最可靠的资本。自信能排除各种障碍、克服种种困难，能使事业获得完美的成功。

依靠自己，相信自己，这是独立个性的重要成分。

著名发明家爱迪生说："自信是成功的第一秘诀。"阿基米德、居里夫人、伽利略、张衡、竺可桢等历史上广为人知的科学家，他们所以能够取得成功，首先是因为他们够自信。一个人要想事业有成、做生活的强者，首先要敢想。敢想就是确立自己的目标，就是有说追求。不自信绝不敢想，连想都不敢想，当然谈不上什么成功了。其次是敢干。只有敢想还很不够，目标只停留在口头上，无论如何也是不能实现的。一个自信心很强的人必须是一个敢想敢干的人。

其实，自卑是拿不属于自己的错误来惩罚自己。有人说过："每个人都是被上帝咬过的苹果，都不是完整的。"此时此刻，你自卑的或许别人却正在羡慕着你。这世间没有什么是必然的，不要让自己的前途毁于自己为自己设置的栅栏之中。要知道，上苍是公平的，许多同你一样健全的人远远没有你幸运，忙于生计的他们早出晚归，而你却幸福地接受了高等教育；即使你有着难以克服的生理缺陷，但是上苍在赋予你那些的同时，一定也在其他方面给予了你过人的光彩，只是你自己还没有发现而已。别把时间浪费在自我哀怜上，找到你身上独特的优点，把它们发扬光大，那么幸福的生活一定会属于自强不息的你。

穷人孩子早当家，贫穷不是耻辱，反而，贫穷会成为一种动力，在它的驱使下，你能更易于发现世间的美好，更"知足常乐"，也更能够激励起自己的斗志。今时今日的你是贫穷的，但是真正的富贵始终在你的身上，只是你自己没有意识到罢了：不取于人就是富，不屈于人就是贵。

或许你曾一直为自己的大学不如意而耿耿于怀，或许你一直为自己在大学期间没有认真学习而悔恨不已，或许因为这样或那样的原因，你曾经走过弯路，以致至今不能释怀，但是，人生是宝贵的，是一只顺风而行的船只，没有逆流而上的可能。你是打算在阴影里裹足，还是计划在阳光下奋进，不取决于任何人和任何事，把舵的人正是你自己。如果你只是把眼睛盯在过去的一点，无法看到前进途中的风景，那么你的生活永远不会有彩虹飘过。一个杨桃，从不同的方向看去，像星星、像圆圆的桃子、又像四不像的石头，但是，只要你有一颗善于捕捉美好事物的心，那么你的世界就一定是美好的，是充满阳光的。

没有一个人是完美的，没有必要为那些不完美的地方而为谁感到抱歉，永远在无尽的自卑中不能自拔，如果那样的话，前进的队伍里最后一个人，只能是你。

有关于信心的力量让我们先来看一个实例：

小泽征尔是世界著名的交响乐指挥家。在一次世界优秀指挥家大赛的决赛中，他按照评委会给的乐谱指挥演奏，敏锐地发现了不和谐的声音。起初，他以为是乐队演奏出了错误，就停下来重新演奏，但还是不对。他觉得是乐谱有问题。这时，在场的作曲家和评委会的权威人士坚持说乐谱绝对没有问题，是他错了。面对一大批音乐大师和权威人士，他思考再三，最后斩钉截铁地大声说："不！一定是乐谱错了！"话音刚落，评委席上的评委们立即站起来，报以热烈的掌声，祝贺他大赛夺魁。

原来，这是评委们精心设计的"圈套"，以此来检验指挥家在发现乐谱错误并遭到权威人士"否定"的情况下，能否坚持自己的正确主张。前两位参加决赛的指挥家虽然也发现了错误，但终因随声附和权威们的意见而被淘汰。小泽征尔却因充满自信而摘取了世界指挥家大赛的桂冠。这个例子告诉我们，只要你相信自己是正确的，并坚持自己的看法，那么你就一定会是最棒的，也一定会获得成功的。

海伦·凯勒说："信心是命运的主宰。"

苏格拉底说："一个人是否有成就只有看他是否具有自尊心和自信心两个条件"。

高尔基说："只有满怀自信的人，能在任何地方都怀有自信，沉浸在生活中，并认识自己的意志。"

奥格斯特·冯史勒格说："在真实的生命，每桩伟业都有信心开始，并由信心跨出第一步。"

看了这么多名人的成功及他们的语录，发现原来他们靠的就是自信呀，你觉得你看了我这段文字还不能从自卑情绪中走出来的话，对得起我这双勤劳的手吗？

效率越高，
薪资越好

你的工作效率不但决定着薪水的高低，也往往决定着今后的命运。如果你不想被人替代，一定要在速度上超越别人。一个工作效率极高的人，是不可能被替代的，因为他能够为企业创造更多的价值。

别让它们拖了你
高效率工作的后腿

让我们为所在公司的办公室做一下检查，你会发现每个办公室都存在着效率低下的现象：传真机无法正常工作、文件摆放杂乱无章或是丢失、办公室里人来人往使人根本无法集中精力高效工作……这并不奇怪，而令人惊讶的却是，许多公司只是被动地适应这些情况而不积极地加以改进。

检查一下你所在的办公室，看看是否存在造成工作效率低下的 8 种通病，然后再加以改进。

一、过时的技术设备

淘汰的计算机、打印机、软件和其他技术设备都将会使工作效率大大降低。比如，一名图形设计员，他使用的电脑性能低下，每次打开或保存一幅图像都要等待 20-30 秒钟；用低速拨号上网的员工也面临同样的问题，网页可能打不开，甚至会造成电脑死机。

如何判断技术设备是否过时呢？一条通用的准则就是，如果你目前使用的计算机不能运行一套关键软件的最新版本，那么就需要进行升级了。你在新设备上的投资将会很快在提高的工作效率中收回来。

二、工作空间安排不合理

我们可以花上几天时间，对公司的工作方式进行仔细观察，找出由于工作空间安排不合理所导致的效率低下问题。例如，桌面面积不够大，每次需要打开文件时，都得跑到别的房间去；电话离电脑太远，每次电话会议结束后你都要重新输入会议记录。

要使这些问题得到解决，通常只需要重新合理的安排一下工作空间，可能就是将乱堆的书本从桌面上移开或是多拉一根电话线这样简单。

三、效率低下的文件管理制度

文件管理杂乱无章所导致的直接困难就是无法及时查找信息，从而造成大量人力和时间的浪费。要解决这一问题，就要保证你和你的员工做事有条理，将必要的文件归档。看看是否需要增加文件柜，使所有的员工都能够容易地将文件归类，以便于查找。最后，可以将不常用的文件搬到储藏室去，使员工更加容易地找到常用的文件。

四、未加管制的信息流

随着社会的不断发展，电子邮件和移动电话等通讯技术已在工作中被广泛使用，在为工作提供了便利的同时，也使得工作环境中充斥着新闻、市场信息、垃圾邮件和私人联络等。这些外来因素将会分散员工的注意力，使工作效率降低。

要想将这些外来的分散员工工作注意力的信息数量减少，你可将不读的电子邮件杂志退订，通过电子邮件过滤工具，将私人电子邮件与工作电子邮件分开处理。在办公室时关掉移动电话，只将电子邮件地址或是移动电话号码告诉相关的人。

五、组织拙劣的会议

经常召开不必要、没有重点的会议将会大大降低工作效率，打击员工的士气。在工作中，经常会发生这样的情形：员工们被召集起来开会讨论某个主题，结果会议时间拖得过长，却未能做出决定，或者是偏离了会议的主旨，未能将解决的问题解决。

开会之前，我们先要看看这一问题能否通过打电话或是其他方式得到解决。如果确实需要开会，则要限制会议时间，用议事日程使会议不要跑题。指定会议主持人，其责任是在有跑题迹象时采取行动，使会议回到正轨。

六、低于标准的研究资源

依靠那些不可靠或是过时的杂志、网站、白皮书，甚至是其他一些不必要的资源将会使你付出更多的劳动，从而大大地降低工作效率。

只需要订阅那些员工真正会去看的出版物，鼓励员工使用那些更有价值的搜索工具。换言之，我们没必要订那些没人看的报纸和杂志，向员工提供高质量的网上信息或资料。此外，寻找那些可打印出来的信息，向可搜索数据库进行转变。比如，你的公司需要通过姓名、通讯录等进行工作，那么你可以看一看能不能找到这类的光盘版，这样搜索起来就会非常方便快捷了。

七、干扰

许多小公司的办公环境比较小，不够宽敞，同事间的大声说话、电话铃声、键盘敲击声和开关门的声音都会使整个办公室的工作效率降低。

要对工作场所的噪声污染问题重视起来，并采取相应的措施。比如，将电话铃声调小，关掉音箱，提醒大声喧哗者降低嗓门。可以用屏风、植物等在开放的办公地点中营造私人空间，减少视觉干扰。

八、混乱

许多成功主管的桌面都有"没有杂物，非常整齐"这一非常突出的特点。因为混乱会对我们的正常造成干扰，降低工作效率。

环顾一下你所在的办公室，看看造成混乱的根源在哪里。它可能是一条乱拉的电话线，也可能是一个放在过道上的盒子，或是办公桌上一台已经损坏了的设备。将那些用不着的东西移出视野之外，把不再使用的东西统统扔进垃圾桶。

改变办公环境
也能提升工作效率

办公桌上，书本堆得像金字塔一样高，不用的文件夹和办公用品到处都是，计算机电缆经常绊倒人……如果你所在公司的办公室是这个样子，那么，你就有必要改善一下办公室的管理了。建议采取以下5个步骤，营造出高效率的办公环境。

一、将不常用的东西转移到其他的地方

只要你随便看看就不难发现，办公室内很少使用的东西数量惊人。什么过期的文件、不用的信笺、从来不开的台灯等等不一而足。要保证，将那些最常用的东西放在触手可及的范围内，通常用不到的东西则要移出视线之外。

二、将过期的文件加以清理存放

没有必要将办公室的文件柜都塞得满满的。我们不妨对过期的文件加以清理存放，给文件柜也来一次"瘦身"。比如，一个文件你在过去的12个月里从来都没有拿出来看过，那么它就应在此列了。这项工作虽然耗时不多，但却是一举两得：既节约了时间又腾出了空间。何乐而不为呢。

三、注意你的电脑显示器

当电脑显示器占据你的桌面时，想释放出更多的空间是一件比较困难的事。对此，你可以有二个选择：首先，你可以选择使用显示器架，将文件和其他东西放到它下面；其次，你可以选择使用LCD显示器，它所占用的空间只有CRT显示器的三分之一。

四、充分利用办公空间

假如办公室不够宽敞，就要想办法充分利用每一寸空间。比如，可以将架子安到墙上，桌子下面用来摆放一些文件或电脑主机。如果桌上要摆传真机、复印机和打印机等多种办公设备，则应考虑购买一台多功能一体机。

五、扔掉旧的阅读材料

长久以来，你可能保存了一些不再需要的过期出版物，那么请在清理办公室杂物时将它们扔掉。假如你担心会丢掉重要的文章，那么你可以在扔掉它们之前浏览一下目录，将真正需要的文章剪下来保存。不要占用过多的空间来存放出版物，这样能够缩短你的阅读和清理周期。

除了高效率的工作环境之外，对工作流程的优化也显得至关重要。

现在是信息社会，从自动化表格处理到即时讯息，今天的科技能够帮助员工更快更智能地进行工作。以下 5 种方法可以使公司的运作更为流畅：

一、管理职能自动化

当今，有许多公司将原来靠人工完成的管理职能交由网络来处理。例如给员工打考勤、管理支出表格等。这一举措可以使员工将更多的精力和时间用在更为重要的公司事务上，因为它大大减少了员工花在搜集、处理和发布信息等所用的时间。另外，信息流的自动化还能减少人工操作所带来的不可避免的错误。

二、改进公司范围内的信息共享

电脑网络不仅可以看新闻，还可以用来向员工发布信息。与传统的打印通知和开会相比，网络更为快捷也更为经济。通过这种方法，公司可以快速地对市场变化做出第一反应，员工也能迅速地适应公司的政策和节支措施。此外，公司还可以通过创建电子数据档案，来减少文件归档和存放的负担。

三、共享信息资源

为了让员工更快、更高效地获取信息，公司可以通过内部网络或英特网将日程安排、合同经理和信息数据库等进行共享。比如，利用在线日程安排，项目经理可以很快看到团队中每位成员的时间表，找到合适的开会时间，然后利用在线日程安排程序将开会通知发给每位与会者。放在过去，他不得不与每位成员协商，从而找到合适的时间再逐个通知。

通过将合同经理和客户数据库进行共享，公司可以为客户提供更高标准的服务。公司的每位员工都可以了解客户的基本情况、订货历史记录和联系方式，使他们能够马上满足客户的需求。

四、快速、经济的沟通交流

即时讯息工具，可以使员工通过英特网随时进行交流，既不受地域限制，又不会带来高额的费用。过去，如果不同部门之间要进行协作，就必须腾出专门的时间、打长途电话或是召开电话会议。

五、实施在线协作

通过网上会议室，驻外工作人员也能够对文件进行编辑或是进行演示。例如，利用微软公司"bC entral"提供的"共享观点团队服务"（Share Point Team Services），员工可以在一个安全的网络会议室里对相同的文件进行讨论和修改，同时，还能够建立文件档案馆和召开讨论会。这样做不仅可以大大提高工作效率，还能很好地避免由于文件的不同打印版本所带来的麻烦。

有计划有自律地完成工作

一天的工作到底什么时候才算完成？对于许多小公司来说，答案是"永远没完"。

不光是员工，甚至许多管理人员手头也有一大堆等待处理的事情。为了在工作和私人生活之间保持一种健康的平衡，作为员工，要学会在工作时保持高效率，从而得以在合理的时间离开办公桌。如果不能做到这一点，就会造成精力不济、创造力低下，最终危及健康。

用以下 10 种方法，你可以认清每天必须完成的工作并找到完成任务的策略。

一、每天都以计划开始

当我们到达公司，在核对电子邮件或语音邮件之前，可以先空出 15 分钟用于写下今天的任务清单。列出清单后，你就会清楚地知道，哪些工作是今天必须做完的，哪些工作是今后几天内要完成的，哪些是长远的目标。这样，你就会合理地分配时间，精确地找到需要优先处理的问题，从而避免被那些不重要的事情浪费时间，分散精力。这样一来，即使你决定在某个合适的时间停止工作，也不会使工作进度受到影响，因为它尽在你的掌握之中。

二、分派任务

当你写出任务清单后，认真考虑一下，哪些任务是必须由自己完成的，哪些是可以分派给团队中别的成员的。如果我们每天早早地就找出了这些任务，就能够使团队成员尽早地开展工作，从而加快完成任务的速度。同你一样，同事也希望对每天的事情早做安排，如果你在每天下班前的几个钟头才将任务分派到同事手中，同事自然会不高兴，因为你有可能打乱他们原有的计划。

三、控制干扰

不要让意想不到的电子邮件、电话和会议打乱你的工作计划，从而使你不得不加班。为控制干扰，可以这样做：每隔几个小时而不是每隔 10 分钟查看一次电子邮件；将电话转为语音邮件，只对那些确有急事的电话进行回复；要求将会议安排在你方便的时候召开。

四、早工作早离开

通常情况下，如果我们经常加班加点工作到很晚，自然就会起得晚，如此反复，很可能会造成恶性循环。在一个星期内强迫自己早点开始工作，早点离开。这样做，开始时会很困难，但时间久了你就会发现，早点开始工作能够使你每天有时间做出工作计划，从而使你的工作效率提高。

五、不要在工作时间干私事

在工作中，一些员工不能对本职工作负责，放任自己，在工作时间为私人事务分心，完全不考虑这是不现实的，因此，我们每天要对私人账单、写感谢卡和其他影响工作效率的事情进行合理的统筹安排。这些事情看起来虽小，却会影响你的正常工作，如果你将很多时间用于与工作无关的事情，那么晚上要加班就是理所当然的了。

六、下班一小时前才将电话铃声调响

当我们结束一天的正常工作后，可以将打进来的电话转到语音邮件系统中。这样做既可以保证你在正常工作时能够专心致志地处理紧急事务，又能够使你不必工作到很晚才回家。

七、依靠和信赖电子邮件

许多日常的交流不一定非要打电话，通过电子邮件就可以完成了。使用电子邮件可以使你避免打电话聊天。当然，也有一些公司必须直接与人交谈才能有效运作。但是，绝大多数员工能够通过电子邮件来处理更多的沟通交流事务。

八、检查你的技术设备

常言道："磨刀不误砍柴工"。及时对电脑和办公设备进行升级，不仅可以使你更有效地完成工作，同时还可让你按时回家。比如，一台性能强大的电脑可以使你更快地进行网页搜索或是同时运行多个应用程序。

九、利用自动化手段

为了减少手工操作，获得更多的时间，就要学会充分利用办公自动化设备和应用程序来完成工作任务。

十、今日事，今日毕

养成良好的工作习惯，做到"今日事，今日毕"。这样做，既可以提高工作效率，又对自己的身心健康有益。许多员工由于白天完成不了任务，养成了熬夜的习惯。熬夜不仅直接危害你的健康，而且会使你的工作效率降低。因此，员工要想方设法提高工作效率，避免上述情况的发生。

公司聘请你，并不是为了要你解决所有问题，记住你不是超人。你只需做好自己的本职工作就可以了，不要终日忙着给其他部门提建议，搞策划。如果你手头有太多额外的事情，通常你自己的本职工作就不能被很好的完成。

[有效地管理
你的工作时间]

提高工作效率是缓解工作压力的最好办法，不管是出于主动还是被动，不论你是管理者还是一名技术员，都不能例外。现代人力资源管理以效率优先为导向，致使员工在完成工作指标的同时，不得不时刻将如何提高工作效率做为首要考虑。

而要提高效率，必须简化工作流程，提高工作进度。具体到每个月员工来说，则需要在日常工作中做到以下几点：

一、制定适用的工作计划

对于从事技术与管理的员工，通常一个月制定一次工作计划。不过，在具体执行的时候，应该将工作计划分解为周计划与日计划。并在每天工作结束之前的半个小时，先总结一下当天计划的完成情况，然后制定出来第二天的工作计划，整理好工作思路与方法。聪明的管理者都会尽量在下班之前完成当天的工作任务，因为当天完不成的工作将不得不延迟到下一天完成。如此一来，就会影响到第二天仍至当月的整个工作计划，从而陷入明日复明日的被动局面。为了避免这种情况的发生，在制定每天的工作计划之时，应该照顾到计划的弹性。尽量不要将计划制定在能力所能达到的100%，而应该制定在能力所能达到的80%。

这样做，是由管理者的工作性质所决定的。作为一名管理者，每天难免会遇到一些意想不到的情况以及上司分派下来的临时任务。假如你每天制定的计划都是100%，一旦有意外的情况发生，必然会影响你制定好的工作计划。如果没有足够的缓冲时间，原计划就不得不延期。这样的情况多了，你的计划就失去了严肃性。由于你的计划总是不能按时完成，你在上司的印象里，也就成了一名很无能的员工。

二、将工作分类

对工作进行分类，主要包括以下几种原则：轻重缓急的原则，相关性的原则，工作属地相同的原则。

1.轻重缓急的主要内容包括时间和任务两个方面。在平常的工作中，管理者常常会忽略时间的要求，只看重任务的重要性，这样理解是片面的。

2.相关性的原则，主要指不要将某一件任务孤立地看待。因为管理本身是一项连续性的工作，任务可能是过去某项工作的延续，或者是未来某项工作的基础。所以，任务开始以前，先向后看一看，再往前想一想，以避免前后矛盾造成的返工。

3.所谓工作属地相同原则，是指把工作地点相同的工作尽量归并到一块完成，这样可以减少因为不断变换工作场所造成的时间浪费。这一点对现场工作员工犹为重要。如果这一点处理得好，可避免在现场、自己的办公室、物资部、监理、业主及其他部门之间频繁接触。既节约了时间，又少走了路程，还提高了工作效率，何乐而不为呢？

三、在规定的时间内完成规定的工作

管理人员在接收工作任务的同时，都会被要求在规定的时间内完成。因此，要时刻将时间与质量这两个要求贯穿在完成任务的过程当中，并尽最大努力提前。将任务完成的时间定在提交任务成果的最后一刻是很不明智的，这与计划的弹性是一脉相承的。因为，事情不可能总是按照个人的主观设定向前推进。当应该提交的任务与临时的事项相冲突时，就陷入了鱼与熊掌的被动状态。一个每次都能按时完成工作任务的员工，即使不天天加班加点，不显得终日忙忙碌碌，也会让主管觉得你是一个让人放心的人，自然不会天天追问你工作的进度如何了。

四、做个过程管理者

当我们在接到某项工作时，往往会涉及到多个部门或岗位，如果让你来组织这项工作，你会怎么办？因为这项特定的工作存在着许多中间环节，所以增加了协调的难度。大部分管理人员在组织某项工作时，常常只偏重于自己本身所应完成的职责，而将传递到相关工作部门与工作岗位的工作听之任之。这样做的结果就是工作总是不能在规定时间内完成。在检查工作结果的时候，每个中间环节又都会各自抱怨给自己的时间太短了，或者是某个中间环节耽误的时间太久了等等。

无论工作过程有多么不同，但工作结果却只有一个，那就是你没有按时并且保质保量地完成工作，你的业绩等级被打了折扣。因此，作为一名管理者，要把握工作的完整性。在事先规定各个中间环节完成工作时间的同时，也要经常关注他们完成的质量与进度，以免其中的某个或是某些环节影响整体工作的进展。故，作为一名组织者，你的职责不仅仅是将工作分配下去，更重要的是敦促你的中间环节处理者按你的要求及时完成分管职责。

要想使工作效率大幅度提高，必须做到有效地管理时间，因此对于"时间管理方法"这一问题的研究是长远的，因为每个人只有做到有效地管理自己的时间，才能使自己的绩效得到有效地提高。关于如何管理好时间，我们将在下一节重点讨论。

合理安排工作、学习和业余时间

时间与工作效率是密不可分的。要想提高工作效率，掌握好时间、利用好时间、管理好时间这三项缺一不可。掌握时间的最好方法，就是先从避免时间的浪费做起。时间就是生命，我们一生中的每一件事情都与时间息息相关。对一名经理人而言，时间管理这个工具在他走向成功的道路中，扮演着非常重要的角色。

一谈到时间管理，大多数人首先想到的就是在工作中如何有效地利用时间。有很多关于这方面的书籍以及专家提出的建议，例如写工作计划，用 ABCD 依照事情的优先次序列出每天要做的事，然后遵照执行；运用 80：20 原则；提高工作效率等。其次是如何更有效地利用业余时间用于学习或工作。

其实，这种对时间管理工具的理解是非常片面的。在进行时间管理时，应该涉及人生的 8 大领域，而不仅仅拘限于某一两个领域。这 8 大领域是指：健康、工作、心智、人际关系、理财、家庭、心灵思考、休闲。

所谓时间管理，实际上是把有效的时间投资于你要成为的人或你想做成的事。因此，从本质上来说，时间管理就是耕耘你自己。种瓜得瓜，种豆得豆，你对什么进行投资最终就会收获什么，例如你投资于健康就会在健康上收获，你投资于人际关系，你就会在人际关系上有收获。尽管我们总觉得时间管理应该主要与工作联系在一起，但你的时间分配只有涉及到八大领域，才会真正对你产好的结果。比如在休息日，你也许应该将更多的时间用在家庭、健康、休闲上，而非用于工作。对于在工作和学习这两个领域上如何进行时间管理，你可以很容易地找到非常有参照作用的原则和建议，你可以试着根据这些步骤执行或反思自己的时间管理，从中将会取得一定的成效。

经理人通常在时间管理上的最大误区就是目的性不够明确。时间是由过去、现在、未来组成的一条连续的线，构成时间的主要因素是事件，时间管理的目的是对事件的控制。所以，要想进行有效地时间管理，你首先必须有一套明确的远期、中期、近期目标；其次是有一个价值观和信念；第三是根据你的目标制定出长期计划和短期计划，然后分解为年计划、月计划、周计划、日计划；最后是相应的日结果、月结果、年结果，及每个结果的反馈和计划的修正。这个实际上是一个循环的过程，即 PDCA 循环。

你在进行时间管理时，要特别注意以下 5 点：

1. 时间与目标

时间管理和目标设定、目标执行三者之间是相辅相成的，同时时间管理与目标管理又是密不可分的。无论是在你的工作、事业还是生活的目标中，每完成一个小目标，都会让你更加清楚自己离大目标的远近，你每日设定的计划不仅是你的压力，同时对你也是一种激励，每日制定的行动计划都必须与你的目标紧密相结合。

当我们完成一项工作时，只有先做出合理的计划，才会使工作有效率，继而获得成功。因此可以说，评估时间管理的有效依据是看你的目标达成的程度。

2. 80：20 原则

80：20 原则在时间管理中有着非常重要的地位，必须学会如何运用它，它指的是要让 20% 的投入产生 80% 的效益。从个人角度看，要将一天中 20% 的经典时间把握好并用于你的关键的思考和准备，你可以根据你的生活状态、生物钟来确定你的 20% 经典时间是哪个时间段。

3. 每天强迫自己做 6 件事

尤其值得一提的是，每天都要强迫自己执行或做 6 件对自己未来有影响的事情。这 6 件事不包括基本的工作、基本的杂事，要尽量涉及到 8 个领域。

4. 心态

时间管理是一种心态，它不等同于把事情安排妥当或把事情做好就行，而应该是更长远和更系统地考虑你的时间分配和使用效率。

5.习惯

时间管理的关键技巧是习惯，当你把运用时间管理工具变成一种习惯，做起事来就变得有序了，效率也就提高了；时间管理最大的难题是习惯，一个人的习惯太难改变了！

人的生活是多姿多彩的，不能像工厂一样，在工作中可以有幽默，在生活中也可以有浪漫，所谓的时间管理绝对不是让你变得机械化。但人们在人性化工作、生活中，往往会迷失时间管理。这时关键是要学会说"不"，对浪费时间的事情、不良习惯说"不"！

制定长期目标，工作更有效率

"不想做将军的士兵不是好士兵"

这是一句流传甚广的名言，但却存在着不同的解释甚至争议。其中有一部分人对这句是这么理解的：不是每个做士兵的最后都能当上将军，既然做士兵，就要先想着做好士兵的本分，至于有没有当上将军的那一天，那得看能力和机遇等等。

的确，不是每个士兵都能在有朝一日坐上将军的位置，但作为一个没有想过当将军的士兵，除非机缘巧合，否则他一定做不了将军。

抱着这种先做好本职工作，对以后持走一步看一步的态度的人。在成功的路上，注定要走更多的弯路，浪费更多的时间。做好本职工作没有错，但如果没有一个长期的目标做导向，在工作和人生中迷失的危险将会非常大。

有这样一个案例：

有两个年轻人，是某名校 MBA 的同班同学。李某在参加了几十次面试后，最终选择到一家生产型企业做一个部门经理。因为它听起来"是一个令人兴奋的好机会"，另外这份工作的工资也是最高的。上任之后，李某很快发现了部门和公司中存在的不少问题，于是他运用所学，很快进行了改组计划。然而事情并不如想象中那么顺利，本来支持他的总经理，后来不得不干预，改组暂停。接下来，李某发现部门和公司存在更严重的问题，于是他以高度的热情、责任感和勇气，再次发起改革。情况迅速恶化，他的部门人心涣散，其他部门也对他冷眼相向。勉强支撑一年后，李某黯然离职另谋工作。

王某呢，在读 MBA 的第二年便开始准备工作，花了大量时间分析自己，根据自己的条件制定明确的职业目标，以权衡可能的最适合工作。毕业后，他选择了一家与他的目标和价值观相吻合并且他有一定经验和能力驾驭的工作。开始工作前，他先花时间了解了部门状况和下属最大的需要，上任后便在总经理的支持下解决了部门部分需要，赢得群众信任，同时大家看到总经理如此看重他，更是肃然起敬。前几个月，王某与几乎所有人和所有部门都建立起良好的关系。半年后，他针对部门存在的问题，开始小幅度改组。一次一次的小成功之后，不到一年，王某的部门便成为公司的样板。公司上下已经在议论，王某很可能就要获得更高的职务与权力。

人们很容易把李某与王某的不同结局，归结为能力或运气。其实不然，他们除了在建立工作所需的权力和影响力时采取的方式不同外，更重要的区别在于他们求职时即已显露，王某有明确的自我分析、目标和定位，再根据目标与定位来选择最适合自己的企业，而李某则只是对所有的工作机会进行相互比较，选择了一个看起来发展空间大薪水高的职位。由于目标不同，也可以说，由于李某的目标并不明确，他在推动工作中采取了危险的方式，失败也许有运气的成分，但并不出人意外。而王某，则根据自己的规划，找到最合适的职位，一步一步看似慢实则快地走向终点。

进入职场以后，很多年轻人身陷迷茫，不知道自己喜欢什么，更没有勇气去追求什么。对于他们而言，劈头就讲人生的终极信念与目标也许显得过于空洞。处于这种迷失状态的朋友，最需要的就是勇气和行动。

人生就象一座黑暗的迷宫，迷宫中有许多的道路和房间，每个房门后都会放有宝藏，只有那些勇敢地在迷宫中行进的人们才能够得到上天赐予的这些宝藏。我们最想做的，就是将一扇又一扇的门打开，一直不停地向前走下去。

在黑暗的迷宫中，坚信一定能找到比现在更好的宝藏，是我们唯一坚持下去的理由，这一信念就像黑暗中的烛火为我带来光明。然而，如果在你的内心里体会不到人生的终极信念、使命和目标这样的东西，那只能说明你还没有到达这个阶段。一个不断在追求更好，不断在超越自我的人，最终都会问自己这样一个问题：我是谁？

"如果我们的行动和方向是正确的，那么最终我们就会得到正确的结果"，这句话一直激励着无数人以勇气和自我牺牲的精神去奋斗。这句话也确实有它的道理，但在工作中，我们要先认清"正确的结果"，再根据结果去设计过程，在这个过程中坚持"做正确的事"，最终才会得到"正确的结果"。这绝非是"先有鸡还是先有蛋"式的无厘头讨论。

最关键的一点就是，如果你不知道什么才是"正确的结果"，那你又如何能判断自己是否在做"正确的事"呢？根据美国管理协会曾做过的统计看，新成立的小企业中十有八九会在六年内倒闭，余下的又只有十分之一会在第二个六年后发展成中大型企业。研究这些最终不仅能存活，而且能发展壮大的新兴企业，发现其中有一个共同之处，就是成立之初，创业者就有明确的目标和定位。

时时充电，才能立于不败

每个人都需要不断地学习和成长，但企业并非学校。

有些人总是表现得很谦逊，一见到上司，尤其是见到老板，总喜欢说自己在多么努力地学习、成长，却不知这种话说过头了反而会有害。

要知道，企业雇用员工，其直接目的就是让员来创造效益，就算员工学习，也应该针对如何使企业创造更多效益有用的东西。一些人选择读自考，上周末MBA什么的，自个上也就罢了，还总是当光荣事迹般时不时地拿出来当做自己好学上进的宣传资本。孰不知，此话讲多了，难保老板心里没有意见，或许就在心里嘀咕是不是我这庙子容不下你这尊大佛啊？是时候考虑有人顶替你的岗位了。

如果遇到一位心胸不那么开阔的上司，你每天还孜孜不倦地学习，说不准就会被认为你是一个将心思都用在读书上了，对工作一定不会用心的人。一旦上级对你有了这个印象，那你注定要扮演疑人偷斧中那个被疑的邻居了，做什么都像贼。

有一个年轻人，天生好学，经常拿最近又在读什么什么书到公司去讲，虽然他工作业绩不错，甚至比许多同事还强一点，但老板却总说他工作不够努力，还可以做得更好。刚开始，还心里还有些沾沾自喜，以为是老板重视他、在勉励他，时间长了不免疑惑，自己到底哪里还要做得更好，哪里还不够努力。当某天老板再次听到他讲正在读什么管理名著时，深受启发地说了一句：如果你把公司的业务资料跟工作相结合再多读几遍，收获也会很大。此时，他幡然醒悟，原来老板是觉得他太好学，将心思大半放在了学习上，故工作自然不够努力了。反之，如果他把学习的劲头都放到工作上，岂不是会做得更好。

在这个例子中，老板的逻辑，还真不能算错，虽然实际情况未必如此。有大部分朋友考试并不是为了跳槽，而是为了使自己更加充实，竞争力更大，结果证书拿到与没拿到毫无区别，最终加薪提拔这类好事都落在不如你学历高的人头上，甚至连老板的眼神都不如以前亲切了，郁闷之余难免大骂别人，孰不知祸根都是自己平时埋下的。

比较恰当的做法是什么呢？很简单，就是以企业，以老板的立场去思考问题。不管是上级有意问你，还是路上遇见没话找话打个过场，你都要记得汇报你做了哪些事，为企业创造了什么效益，再随便点几句正在努力学习某某对企业发展更有用的新东西。

最后，一定不要忘了向上级、老板表达最诚挚的感激之情，感谢他们为你提供的支持和帮助，表达一下你的忠心。顺便说一句，学习和成长是必须的，但别把自己弄成个不务正业，空闲时间很多的反面典型。

别让不懂情绪控制
降低了你的工作效率

我们从出生到死去都无法摆脱情绪这个东西，它就像影子一样与我们永不分离。似乎除了表达或隐藏它，我们不能再有其他的处理方法。但是，现在，经过许多专家进行的研究之后，我们发现，情绪不仅对我们的生理健康，还对我们的心理健康起到了诸多作用。所以，不时地审视自己的情绪，对健康不无裨益。

一、掌控情绪掌控健康

美国生理学家艾尔玛做了一个简单的实验，研究情绪对健康的影响。他将一支支玻璃管插在摄氏零度、冰和水混合的容器里，借以搜集人们不同情绪时呼出来的"汽水"。结果发现，心平气和时呼出的气凝成的水澄清透明、无色、无杂质。如果生气，则会出现紫色的沉淀，研究者将这"生气水"注射到白老鼠身上，几分钟后，居然发现老鼠死了。

大多时候，我们是乐观、愉快的，但伤心愤怒的坏情绪也时常会伴随着我们。这就像家常便饭一样，我们早已习以为常。有些时候，我们能控制它们，但有些时候，我们却对它无可奈何。那么，我们能学着去了解、去应对我们的情绪吗？

专家的答案是肯定的。并且，专家们也提出了一些相应的建议以使我们能更好地控制、利用情绪。在生活中，面对挫折，要学会度过情绪的低气压，尽快回到协调的生活中，这能给我们带来健康的生活。情绪和人们赋予事件、事物、环境、人以及经验的意义紧密相关，因此，情绪是可以掌控的。

每个人都有自己最基本的情感需要，比如和人交往、对人表达等。有医学研究认为，情绪和情感就是我们身体的一种生物反应。痛苦、愤怒、恐惧、快乐以及爱这5种情绪和我们的身体是直接相关的。前三种情绪通常被归为"危险"情绪，它们意味着发生或即将发生危险；而后两者则属于"令人愉快"的情绪，快乐和爱告诉我们，可以放松和享受，需要可以获得满足。

当我们面对那些"危险"的情绪时，如果不能及时缓解，这些情绪可能会变成绝望，而这些情绪积攒的结果，往往会导致癌症或者其他危险疾病的发病率。如果这些情绪一直困扰着你，那么相应地，你感受到的快乐和爱的时候就会相应减少。

我们人类的情绪虽多种多样，但都是建立在这五种情绪的基础之上的。为了从正面情绪中受益，我们必须学会掌控自己的情绪。但这并不意味着，你需要处在一个情绪真空的环境里。掌控情绪意味着，你能通过给自己充电，拥有对自己、对生活、对世界的健康心态来改变自己的不健康情绪。这些信念，会给我们带来更为健康的情绪和心态，例如勇敢、宽容、同情等。

科学家们研究发现，大脑的情绪中心与免疫系统存在着直接的连接。健康情绪能帮助人们抵抗感染、感冒和流感。依靠健康的心态战胜疾病的例子屡见不鲜，而那些恐惧、害怕、绝望的情绪则会让疾病恶化得更快，甚至导致死亡。

二、情绪左右成败

我们通常做事，经常会受到感情的影响。因为，我们的感情既可以为我们带来伟大的成就，也可能导致我们走向失败。因此，我们必须知道，要控制自己的感情，应该首先做到，了解对我们有刺激作用的感情有哪些？我们可将这些感情分为七种消极和七种积极的情绪。

七种消极情绪为：恐惧、仇恨、愤怒、贪婪、嫉妒、报复、迷信

七种积极情绪为：爱、性、希望、信心、同情、乐观、忠诚

以上14种情绪，正是你人生计划成功或失败的关键，它们的组合，既可意义非凡，又可混乱无章，决定权完全在你。

上面所说的每一种情绪都和心态紧密相关，这也正是我们为什么一直强调心态的原因。个人心态的反映直接表现在这些情绪上，而心态是你可以组织、引导和完全掌控的对象。

你必须学会控制你的思想，对思想中产生的各种情绪保持足够的警觉性，并视其对心态的影响是好是坏而选择接受或拒绝。

乐观会使你的信心和弹性增强，而仇恨则会使你失去宽容和正义感。如果你无法控制自己的情绪，你的一生都将因不时的情绪冲动而受害。

如果你正在努力控制自己的情绪，不妨准备一张图表，写下你每天体验并且控制情绪的次数，这种方法可使你了解情绪发作的频繁性和它的力量。一旦你发现刺激情绪的因素时，便可采取相应的行动将这些不利因素除掉，或把它们找出来充分利用。

我们可以把追求成功的欲望，转变成一股强烈的执着意念，并着手实现自己的明确目标，这是使你学会情绪控制能力的两个首要要件，这两个条件之间具有相辅相成的关系，即其中一个要件获得进展时，另一个要件也会随之有所进展。

在工作中，遇到各种挫折、委屈和误解是在所难免的，我们要学会很好地控制这种情绪，遇到再大的委屈也能做到付之一笑，再也不必向谁去抱怨、诉苦。

三、对抗负面工作情绪

工作中，我们如何才能做到不让"小事"影响工作情绪呢？

1.冷静地面对批评——当我们听到别人的批评后，要先用缓慢平和的声音在脑海中重复语句，隔绝敏感声线，这将有助于你集中接受信息中的实际资料。

2.从容面对敏感信息——在面对同事冷冰冰的嘴脸时，很多人会感到不安甚至失眠。遇到这种情况，大可对自己说："他的缺点是不懂得如何对别人好，而我没有这个缺点，所以我更受朋友欢迎。"这样自我安慰可以让心情得到舒缓。

3.坚信自己能进步——当面对重大工作问题时，难免会心灰意冷，影响工作情绪和效率。逆境容易让人感到无力，在没有想好有效的解决办法之前，不妨多想一些鼓励自己的事，相信自己一定能有办法做好，从而使自己不至过于沮丧。

四、情绪温度计：记下你的情绪波动

在日本，商人发明了付钱砸东西的"解脱室"，以供那些无处宣泄的人们消除怒气。来到解脱室的人需要付费，依照费用高低拿到各种陶瓷花瓶、器皿或小雕像，客人通常会先写上痛恨者的名字，边破口大骂边将手中的小雕像向墙壁上用力砸去。

然而，虽然可以通过砸东西、踢家具等外物来转移情绪，从而得到暂时的缓解，但大多数人会担心因此演变成暴力行为性格？一些专家认为，如果不去察觉情绪的细微变化，而总是以宣泄的方式排解，不但不能使怒气真正被消化，反而会形成恶习，反复发生。

在这种情况下，最好使用"情绪温度计"法。也就是说，平时要养成记录情绪的习惯，每天分几个时段记录，并写下生气的原因，通过这种方法有助于自我察觉、检测怒气。

1. 你可以将情绪温度计的刻度设定在0~10分，将一天分为七个阶段，比如一早抢停车位失败，还没进办公室就在电梯前和部门经理吵架，决定只给自己2分。

2. 首先你要了解自己一天情绪的起伏变化，然后再去寻找原因，并给自己写一段话。为什么只给自己打8分？原来在下午三点，听到窗外的小鸟在叽叽喳喳地唱歌，感觉非常愉快。记录久了，自然培养出很细微的察觉能力，即使生活中很细微的情绪飘过，也不会放过。

我们应该学会建立自己的情绪温度计，从而掌握经常生气的时间段和原因。一旦接近情绪高温期时，就赶紧做好准备，比如提醒同事离你远一点，避免被无名火烫伤。除了察觉情绪，找出自己的情绪温度计之外，学习从大架构看人生的挫折，才能真正做到不生气。

调整心态，找到方法，
让工作更游刃有余

很多在职场打拼多年的人，非但没有因为经验的积累，工作起来更加得心应手，反而显得不敢重负。他们感到工作的压力越来越大，当年的朝气勃勃早已演化为近日的暮气沉沉。到底是什么改变了他们，究竟怎样才能让工作变得轻松一点、快乐一点呢？

其实要改变现状并不难，关键在于你是不是找到了正确的心态和方法。

一、少一点梦想，多一点计划

在职场中，我们应该考虑清楚有关自己理想，清楚工作中的每一件事，从工作形式到工作环境都要了解清楚，然后确定自己所追求职业的标准或目的。具体的做法就是，把你所追求的梦想划分成尽可能短的各个阶段。

如果你现在还仅仅是一个基层小经理，或只是一名记账员，你必须寻找一条能够帮助你达到更高职位的晋升之路。比如，你不妨观察一下是否能调到另一部门，或先谋个较低的职务，然后再寻找机会进修；最低限度，也要找出妨碍你日后发展的不利因素。切记，改变不称心工作的最好方法就是循序渐进。

二、把自己看作自由人

可以把自己想象成是一个独立的承包人，雇主是一位大客户，然后合理地分配你的时间，以达到不仅满足客户所需，而且还有空余使自己的各个方面得到发展的目的。比如，你的工作是负责起草各种报告式文件，用词的好坏，对你的上司可能无所谓，但对你而言呢？一位独立承包人，你应认识到，你使用的措辞技巧可能会开辟一个全新的销售市场。这样做，虽然表面上看起来是取悦你的上司，但实际上则是把你推到独立承包人的地位。

三、工作娱乐两不误

有的人在工作的时候只知道埋头苦干，一开始在晚上加一两个小时的班，不久便是整个星期地加班，最后连周末也成了办公时间。长此以往，工作完全霸占了他的全部时间。这类人是典型的工作狂，他们眼里除了工作，几乎没有任何社交活动，这样时间长了，不免会对他自己的工作产生反感。正确的做法应该是工作娱乐两不误，把自己的时间规划好。

四、寻找工作外的成功

在当今社会，许多人只把工作上的成就看成真正的成功，这些人只有事业上春风得意时才会沾沾自喜，而一旦工作遇到麻烦，就感到恼火不已。如果你在工作之外还有其他令你骄傲的事情，比如，把自己的爱好和业余活动当作本职工作一样认真对待，并同样引以为豪。那么你在工作中受挫时，就容易保持一种积极的态度。

五、对待别人的态度好一点

在职场中有这样一些人，他们每天早晨一想到上班就害怕。究其原因，主要是由于他们与周围同事相处不好。你周围的同事也许并不能让你都喜欢，但最低限度，也应该是与他们和平共处。我们都有这样的经历，当你对别人微笑时，别人也会对你报以微笑，其实在办公室更是如此。即使在生活中，以礼相待也是做人的基本道理。虽然说，想要与平日不理不睬的人在一夜之间就建立亲密关系不太可能，但若你真诚地去改善关系，你的同事迟早会感受到这一点。所以说，如果你对周围一切都心存厌烦——厌烦你的工作、你的上司……你就更要用一种积极方式与人沟通，多谈些你喜欢的事，至少你可以和同事多一些共同语言。

总之，职场不会以你喜欢的方式待你，也不会以你不喜欢的方式捉弄你。你在职场中的地位、人脉全靠自己争得，学会爱自己的职业，有百利而无一弊。

竞争越大，成就越高

如果说，爱情是一条单行道，但职场上的竞争，又何尝不是？所谓赢家通吃，高位、高薪总是给少数出类拔萃者准备的，如果不能在业绩、能力上超越竞争对手，你永远只能成为平庸的大多数。

释放你工作中的主动和激情

　　工作是我们人生不可或缺的一部分，一个人抱着什么样的态度去工作，也就是抱着什么样的态度去生活。如果你对自己所从事的工作并不喜欢，那这份工作就将成为你的负担，长期下去会使你心情压抑，工作没有积极性和主动性，甚至身心疲惫，直至失去工作激情。

　　亨利和史密斯是同班同学，两个人大学毕业后，恰逢英国经济动荡、失业剧增，很难找到合适的工作，他们便降低了要求，到一家工厂去应聘。恰好，这家工厂缺少两个打扫卫生的职员，问他们愿不愿意干，亨利略一思考，便下定决心干这份工作，因为他不愿意依靠领取社会救济金生活。

　　尽管史密斯根本看不起这份工作，但他愿意留下来陪亨利做一段时间。史密斯上班后一直提不起精神，工作时懒懒散散的，每天打扫卫生都敷衍了事。一次、两次、三次，老板认为他刚从学校毕业，缺乏锻炼，再加上恰逢经济动荡，也同情这两个大学生的遭遇，便原谅了他。然而，随着时间的推移，史密斯越来越厌恶这份工作，甚至达到了忍无可忍的地步。结果，刚干满了三个月，他便彻底断绝了继续干这份工作的念头，辞了职，又回到了社会上，重新开始找工作。当时，社会上到处都在裁员，哪儿又有适合他的工作呢？他不得不依靠领取社会救济金生活。

　　相反，亨利很热爱自己的这份工作。在工作中，他抛弃了自己作为一名大学生——高等学历拥有者的身份，完全把自己当成一名打扫卫生的清洁工，每天勤勤恳恳、兢兢业业。办公楼的走廊、车间、场地等都被他打扫得干干净净。他的勤奋和努力老板看在眼里，记在心上，半年后，老板便安排他给一些高级技工当学徒。因为他工作积极、认真勤快，一年后，他成为了一名技工。尽管如此，他依然抱着一种积极的工作态度，在工作中不断进取，认真负责的精神。两年后，经济动荡的局面稍微得到了改善，亨利很快成为了老板的助理。而史密斯，此时才刚刚找到一份工作，是一家公司的学徒。但是，他认为自己是高学历拥有者，应该属于白领阶层，做这份工作是大材小用了。结果，工作依然被他做得一塌糊涂，终于某一天又回归到失业者的行列，开始重新找工作。

不仅仅是普通人会对自己的工作产生厌烦的情绪，很多在工作上取得巨大成就的人也面临过同样的问题。但是，他们却能够用另一种心态来对待自己的工作——把工作当成自己的"情人"，和情人在一起你一定不会感到厌烦吧，你喜欢他（她）、爱他（她）、宠他（她），恨不得每天都和他（她）呆在一起。如果你能用这种心态来对待自己的工作，那还有什么做不好的呢？

其实，任何人都有可能不得不做一些令人厌烦的工作。即使给你一个很好的工作环境，但如果总是一成不变的话，任何工作都会变得枯燥乏味，许多在大公司工作的员工，他们拥有渊博的知识，受过专业的训练，有一份令人羡慕的工作，拿着丰厚的薪水。但是他们中的很多人对自己的工作并不热爱，仅仅是为了生存而不得不出来工作。他们大多疲惫不堪、精神紧张甚至未老先衰，工作对他们而言，毫无乐趣可言。

我们爱自己的情人，会毫无保留地把自己的爱全部给他（她），同样，我们爱自己的工作，也应当爱工作的全部。一件工作有趣与否，取决于你的看法，对于工作，我们可以做好也可以做坏。可以高高兴兴地去，也可以愁眉苦脸地充满厌恶地去做。如何去做，这完全取决于我们自己。

因此，既然你在工作，何不让自己充满热情地去通入呢？

每一个员工都应当学会热爱自己的工作，即使这份工作你不太喜欢，也要尽一切努力去做好它，如果你能转变自己的心态，对工作投入巨大的热情，你就会发现工作效率很高，工作也不再是一件苦差事，你会越来越多地从工作中获得乐趣。

设想你每天工作的 8 小时，感觉就像和你的情人在一起，那种感觉，该是一件多么惬意的事情啊！因此，我们应当以谈恋爱的心情面对工作，不仅要选择自己所爱，忠于自己的选择，还要在漫漫的情路上细心经营，这样你们之间的感情才更稳固，用对待"情人"的心态对待工作，你才会有所收获。

[树立良好的公众形象]

在世界上实行选举制度的国家的政治家都知道，公众形象就意味着选票和政治前程。建立一个好的公众形象，更是政治家的头等大事，在直选国家和地区，某种意义上，它比你有钱有背景有实际能力更加重要。

而在当今职场上，你同样很有必要树立一个良好的公众形象。可以这样说，有没有"大树"罩你，或许还不完全取决于你，但有无良好的公众形象，则完全取决于你自己。

可能会有人说：我根本就没有什么特别突出的优势和特长，也没有什么值得夸耀的成绩，我又该如何去包装自己呢？事实上并非如此，我们每个人都有与众不同之处，只不过大多数人不懂得如何适当地包装自己。

当然，包装并不是让你弄虚作假。举个简单的例子来说。

我认识一个年轻人，他想去应聘做置业顾问，于是在简历中这样定义自己：善于沟通亲和力强的优秀销售人才。做好简历之后，他拿给我看，我告诉他，在我看来，很多人与他说话都会觉得愉快，但这种愉快并不是来自于你会说，而是你会很认真地听，不管你有没有兴趣，听没听懂，你的反应都非常正确，该点头就点头，该微笑就微笑。正是这种会听，使别人感到你具有较强的沟通能力，其实经常整晚聊天，据我观察你基本就没说几句话。别人觉得你亲和力强，也在于你会认真地听。然后我又问了他以前的工作情况，几乎没有什么突出的地方，他在以前的公司业绩平平只能算中等，但是，他销售掉的尾盘（不好卖掉的单元）却是公司最多的。所以，我建议他这样自我描述：善于以倾听打动客户、尾盘销售第一的优秀人才。

　　这样的自我包装也许并不是最好的，但放在简历的第一句话，至少会引起房地产公司招聘人员极大的兴趣。自称善于沟通的人太多了，几乎每个应聘销售的人都是这样自我描述，但善于倾听的就太少了，尤其是能以倾听打动客户更不容易。至于尾盘销售，几乎每个楼盘都会遇到，这样的人才对企业有价值。得到面试的几率自然大得多。他很快得到好几个面试通知，跟一份既主流又别具一格的简历是分不开的。

　　作为职场中人，想要树立自己的良好形象，其实很容易。你只要选取自己最具优势的地方，以合适的词语来包装它，使它不仅为主流所认同，同时也突出自己与众不同之处。当然，这种定义必须建立在真实的基础上。正所谓，艺术来源于生活，而又高于生活。在定义自己的时候，真实是必须的，如果你做假，你必须有极好的演技。否则的话，天天跟同事老板们在一起，总有一天会被拆穿，假的终究真不了。再比如说，一个天性不善于表达的人，或者一个爱说话但是没有条理的人，非要说自己善于沟通，如果你不能在短期内改变自己，走上岗位还能装多久呢？由此可见，如何为自己找到最佳的"一句话定义"，其实也是一个自我了解，自我总结的过程，只有最逼近真实的自我的人，才能总结出最好的"一句话定义"，旁人可以指点，但你自己却是无法被代替的。

　　让周围的人认识和接受真实的你，是一件相当困难的事。我曾经做过一个小测试，包括我在内的三位朋友做了一个类似于性格和行为方面的测试。测试结果出来之后，几乎每个人都认为自己的很准而别人的不准，差不多一半一半。后来，我又把这三份结果的名字去掉，拿给对我们非常熟悉的朋友和同事们看，让他们猜谁是谁。本以为这是一件不难的事，结果却令人大吃一惊，没有一个人完全猜对，完全猜错的倒是不少。由于是大面积地猜错，所以我甚至怀疑是不是自己并不了解自己。或者说，我的行为方式在别人眼中的效果与我想得到的效果根本就是两码事。

后来我想，这类测试的准确性，是建立在你对自己的了解到底有多准确的前提下。很多人做题的时候，很自然地把自己所希望的样子当成现实的样子填上去，结果自然不会准确。永远也不会有人完全了解真实的自己，这也是前些年流行360度测评的原因。其次，每个人对他人的了解，也都存在片面性，这既跟相互间的关系、相处时间、距离有关系，更与人的认知方式有根本联系。因为人的大脑会自动过滤掉它认为没有意义的信息。而"一句话定义"这种自我表达的方式，就像是做广告，需要千方百计地让客户在脑中记住你，只要能在客户头脑中占有一席之地，就成功了一半。因为在人的大脑中理性思考的时间没有那么多，所以一旦形成某种印象或感觉，只要没有出现强烈的反印象或反感觉，这种印象和感觉就会自我强化。"一句话定义"的作用，就是要奠定这种正面印象，使它不断循环、强化的基础。

以上面三个人的测试为例，长久以来，我一直自认为是个相当不错的人，甚至夸张一点讲，对下属是个好老板，对上司是个好下属。但发生这种认错人的事情后，我非常怀疑，平时大家所说的那些好话，到底有多少是真实的，是发自内心的？是否是大家在没有看清楚对象的情况下，本能地说好话？想想也未必如此，只能说要想真正地认识一个人，实在是太难。再反过来想，不管大家的真实想法是什么样的，外在表现才是最重要的，我不可能做到别人私心一闪，念头一动都抓住不放的地步，那也不是管理的真谛。既然我要的只是一个好的公众形象，那么只要从别人嘴里出来的都是你想要的那个公众形象也就足够了。至于别人私底下会如何评价你，那就要用另外的方法去尽量调控了。第一步，就是要公众在明处说话时，按你的"自我定义"去定义你。连这一步都做不到，更不用说其他的了！

学会变通，应对职场万变

合适的"一句话定义"，是与你的自我定位、实际情况、工作职责要求、企业文化要求密不可分的。也就是说，面对不同的企业文化，不同的岗位要求，你的"一句话定义"也要有所不同，既要突出不同的特色也要突出不同的重点。

然而，这并不表明，你要放弃自己的信念、价值观与定位。举个例子，"一句话定义"就好比你的衣服，而你的信念与价值观就好比你的体形和气质，你可以根据体形和气质去选择穿不同的衣服，为的是使体形与气质得到更好地展现，但却不必为了穿某件衣服而去改变自己的体形和气质，当然对自己的体形和气质恰好极不满意就另当别论了。

以上面提到的这个人为例，他说"抱定自己的原则，只要牢牢抓住踏实做人、认真做事这一理念，就会得到上级的肯定"，在这里，可以说他的"一句话定义"就是"踏实做人，认真做事"。如此定义实在是国家多年教育下的结晶，打开每个人的档案袋，可能都会看见类似的词句，所以这样的形容词就失去了本意，不同的人就会有不同的理解甚至完全相反。

正因如此，问题的根本是要以合理的方式使你的信念和价值观得到更好的包装与展现，而不是改变自己原本的信念与价值观。

我总感觉，一谈到"踏实、认真"这两个词，大部分人都会觉得指的是那种一天到晚不声不响，埋头做事的人，其实，这是自己的定义把自己给局限住了。更糟糕的是，以此种方式工作的人，往往会适得其反，最终被上级和同事视为不合群，自然更不可能有晋升的机会了。而过于拘泥于这种教条的人，则往往认为那些能说会道，擅长人际关系的人不踏实不地道，觉得自己很受委屈，心态和工作积极性极易受到打击。

如果长期处于这样一个负面的循环，职业前程必定是渺茫的。

踏实认真应该是指一种内在的工作状态、工作精神，而并不等同于不能经常去向上级汇报工作，不能经常与同事们沟通交流，换言之，内心的信念与外在的行为方式，并不是只有一种对应关系，真正成熟的人，应该学会变通，在不同的情况下使用不同的处理方式，却又不失其根本的信念与原则。更何况，"踏实做人认真做事"可以作为一种信念或者说是人生的态度，但拿来作为自己的"一句话定义"，就有失水准了。它显得太平庸、太空洞，无法使客户、老板、同事、下属及一切有关联的人在头脑中产生深深地印象。这样的定义，还不如"我工作十年从没差过一分钱"这样的语言来得生动有力。

正如"一句话定义"，会在你面对不同的企业要求、不同的岗位要求时，会随时改变一样。在职场人生的不同阶段，也应该随时为自己设计不同的更加贴切的"一句话定义"，永远记住，产品上市，广告先行。一个刚入职的新人，开始可能需要树立一个踏实做事认真做人的形象，但当你完全融入企业之后，可能就需要树立起一个干练成熟的新形象来适应职场生活，等等。

关键在于，先要审视自己的价值观，而后审视企业的主流文化和风格，最后去审视目标中的职位或前程的职责需要，从而找出自己的与众不同之处，哪怕只有那么一丁点，哪怕看起来与你的事业毫不相干，最后再综合总结出"一句话定义"。如果可以，与信得过又了解你的人去商量。如果把握不好，只须记得，保守一点好过狂放。

找对你的
职场良师

很多人都喜欢看香港的黑帮电影，其中的常见镜头：两帮混混相遇，推搡叫骂之后便会互问堂口：小子，跟哪混的？如果后面的大哥够硬，对方可能扔下句台面话就让步了，一旦后面大哥不够硬，一场厮杀便在所难免了，若是后头没有大哥罩着，嘿嘿，那就只有被收拾的分了，最后还要跪地求饶以保全小命。

在职场上，大家都是受过教育的文明人，当然不会血溅办公室。正因如此，所以职场中的帮派、山头、地盘之类的东西更显得微妙更难把握，相信不少朋友都有过这样的经历：在莫名其妙的状况下被狠狠地踩了一脚，更有甚者丢了工作也不稀奇。到底是为什么呢？或许被犯忌了自己还不清楚吧。

在世界上存在政党政治的那些国家，只要是当选为最高行政官者大都有着很硬的政党背景。即使个人有再大的能力，再崇高的人格，如果没有政党后援，也会成为复杂政治竞争下的牺牲品。如此说来是不是想从政胜算越大，加入的党派就要越多呢？显然不是。在这里，政治人物同样存在"一根钢丝"的选择问题。在政界上，一个总是游离在两个对立党派之间的人，政治寿命最短。

职场也有如黑社会、政界。所以也存在不同的帮派、不同的政党，更多的情况是，既没有明显的派别，也没有明显的圈子，有的只是一种感觉，一种氛围，甚至只是传闻。从小到大，所受的教育都要求我们做人一定要诚实，正直，勤劳，与人为善，服从组织安排，善于与人合作。许多人一听到"职场政治"，便会在心里产生强烈的抵触。其实平心而论，世上又有几人愿意生活在战火硝烟中，喜欢不停地搞争斗呢？正验证了那句："人在江湖，身不由己"。没错，有人的地方就有是非，有利益的地方就有政治，这是我们必须接受的一个现实。

常言道大树底下好乘凉，因此，身在职场的你，除了搞明白最基本的工作职责和内容外，还必须搞明白一件事，那就是企业里有几棵大树，哪一棵大树是你想靠的、或者能靠得上的。因为你不可能在几棵大树底下同时乘凉，如果他们之间存在利益冲突或者关系不和。如果你没有能力永远脚踏两根钢丝，那么，你必须在其中做出选择。

很多朋友都知道"人生四大喜事"这一古话，但同样自古流传的这句"人生四大悲事"知道的人就少之又少了吧。"少无良师"就是其中的一句，意思就是年轻的时候没有好的老师来指导帮助。同理，黑帮里的良师是什么？就是罩小弟的老大，职场上的良师是什么？就是你的大树。

大树的好处之一：可以使你幸免沦为职政的牺牲品

大凡第一个在权力斗争中失足的人，肯定是没背景的人。因为这类人最符合替罪羊的首要条件，牺牲这类人，双方的紧张局势便会有所缓和，且不会为双方带来任何后患，而并非他得罪了谁。说句题外话，有一次我跟几位权力部门的头头吃饭，吃到一半，头头 A 说：某地有一个违法企业。头头 B 马上问：背景多大？头头 A 答：应该没有。头头 B 一听乐坏了：那就赶紧做了！"哇！这不就是香港电影嘛，几个够硬的大哥在划分地盘，最容易牺牲的便是那位没有大树的企业头头"，这就是我当时的第一反应。

大树的好处之二：套用一句古话"一人得道鸡犬升天"

现在世面上名人自传数不胜数，随便一翻，每位名人都似神人一样什么天赋异秉，什么文成武德，什么凭着种种能力，什么坚苦勤奋一步一个脚印，更有甚者坐火箭一样一溜烟从小职员升到大总裁。当然，这些人能力强，业务出色我是不否认的。但如此成绩真的都是靠个人奋斗得来的吗？特别是民间流传的一些名人事迹，比如前台接待做到总监呀，勤杂工做到总经理呀，技术员做到老总呀，成功人士在自传里当然要特别强调成功来自于个人的奋斗，也是为了鼓励后进么。但实际情况又如何呢？

大家可以去翻翻前两年超流行的一本自传，自传中那位洋同志号称自己是世界第一CEO，你去看看他的前二个老板最后都做到什么职位？在那个高手如林，号称CEO摇篮的公司，上头没人罩着，他能平步青云，如此快地坐上第一把交椅？

无数事实证明，要想进步快，就得有人带——职场就是这么现实。

再翻开某位IT女强人的自传，多年前可谓火爆一时。当年我还是一个初出茅庐的小伙子，初看此书真是感叹啊，世间竟有如此超凡的人物，竟有如此传奇的人生，呵，当时我简直把她当神仙看，一个低学历小职员，硬是凭着一股韧劲和本事做到业界最强公司的中国区总经理，在她的自传里，满篇出现频率最高的就只两个字：NB。可如今她又混成什么样子呢？近几年当我再度第三遍重温她的自传时，我已明了她今时的下场。为什么？说白了，她只是个职场政治艺术的低能儿，她的发迹是中国改革开放初期的特殊产物，政治背景特殊，根本就没有普遍意义。当她拿着老三篇离开呆了十几年的公司，独自打世界时，不管是以什么崇高的理想作外套，结局都已注定。

俗语道：进门先问主人是谁。不少打工的人都进门半天了，东打招呼西握手的，自我感觉良好，气氛愉乐融洽，到头来连主人是谁都没搞清楚。自己是小人物也就罢了，反正斗争一时半会也不会与自己沾边。可你切记不要自得，咳，不就职场政治吗，我处理得好得很，走钢丝而已，只要平衡一切OK。依我看，那是你分量不够，一个小弟几时会轮到对大哥们分地盘提意见。比如我刚才提到的那位女同志，顶风而上，呵，顺风而行岂不是更省力更快么？这名字就透着股不吉利。

一个人能在职场走多远，飞多高，决定因素有很多，但无论怎样，有一棵大树罩着你，有一个团队支持你，永远胜过赤膊上阵打天下。

大树的好处之三：走捷径高成长

现实生活中，名校毕业生有着优厚的优势，甚至一些企业提供的入职起薪，对不同学校毕业的学生也有不同的标准。这自然会引起许多非名校毕业生的不服，认为自己的综合素质和能力并不比名校生差，而且的确有不少非名校生通过努力，在人生发展的舞台上光彩照人，更胜高校生一筹。但在人们的普遍观念中，名校的地位牢不可动，考入名校，本身就意味着超乎常人，以后的人生发展也会顺风顺水。

很多人认为社会在这方面的认知带有偏见，只论学历文凭，不论综合实力，然而这种所谓的偏见却不是空穴来风，不论名校的综合实力或是竞争力，普通高校都是难以企及的。常言到环境造人，同样的学生，在不同的学校，的确很有可能变成不同的人。中国自古就有云：名师出高徒，强将手下无弱兵。在普遍意义上，是非常有道理的。

例如，我认识的一位哈佛商学院毕业的朋友，毕业至今就凭着哈佛商学院这块牌子热潮汹涌，一块知名的牌子就足以使人"鲤鱼跳龙门"，是因为哈佛被社会所信赖和崇拜，从那里出来的学生，受到追捧也就不难理解了。

用专长赢得
一席之地

一个人不管从事什么行业，只要具有足够的竞争资本，就不会被社会所淘汰。那么，靠什么来赢得竞争力呢？靠的是自己的一技之长。中国有句古话："纵有良田万顷，不如一技在身。"现代社会也有这么一句话："千招会不如一招绝。"任何人，贡献给社会的都是他的专长。往往一切成就、一切幸福都建立在他最擅长的那一点上，即建立在"一招绝"上。只要你拥有了"一技之长"，拥有了一个"绝招"，你就有了竞争的资本，就有了就业谋生的手段。

很多人就是借一技之长获得了生存的本领，因此在社会上占据了一席之地。

武汉某水产公司的下岗女工邱莉下岗后学习并掌握了爱婴理发、洗澡等婴儿服务本领，开通了爱婴服务热线，创办了爱婴用品商店，得到了婴幼儿家长的热烈欢迎。目前，邱莉正在参加武汉大学儿童早期教育的函授学习，不断提高自己的爱婴服务水平。

三浦原太郎是一个从日本去美国的穷移民，他初到美国，口袋里只有500元钱，不会英文，只有靠当男佣谋生。谁知天有不测风云，偏偏此时他的女儿又生了重病，没有钱支付医疗费用，这让他整天愁眉苦脸，不知该怎样渡过这个难关。他甚至后悔不该到美国来。幸亏有一些好朋友慷慨解囊，总算暂时帮助他渡过了难关。

那一年快过圣诞节了，原太郎穷得没钱买礼品送给朋友们，他想来想去，想到了一个办法——调制酱汁来送给好朋友们。因为那可是他最擅长的手艺。于是，他亲手调制了红烧酱汁，用瓶装了送给许多朋友。

谁知，他的酱汁大受欢迎，不少人都请求再多给他们一些，还有人建议他不妨出售酱汁，肯定会生意兴隆。就这样，他开始了经营酱汁的业务。

谁知他的酱汁生意一发不可收拾，不仅风靡全美国，而且还卖到全球许多其他国家。原太郎的酱汁生意越做越大，十多年时间，他已经具有了5000万美元的固定资产，经营的品种也扩大为美食和滑雪板等。

三浦原太郎认识到了自己最具有竞争力的特长，找到了自己的价值，借自己的一技之长走上了一条致富的康庄大道。

人生在世，如果有一技在身，就有了安身立命的资本。如果技艺精湛，就一定会有一番大的作为。怕就怕"十八般武艺"，没一样精通的。这样就很难在社会上生存，更别谈什么竞争资本了。

小春是一个孝顺的小男孩，他看到父母每天起早贪黑地辛苦做事，却不能维持全家人的生活，心里十分心疼父母。于是就偷偷地跑到大街上想找个工作。结果他的运气还算不错，恰巧有一家商店想招一个小店员。小男孩就跑去面试了。结果，他发现还有其他七个小男孩都想成为这家商店的店员。

店主说："孩子们，你们都非常棒，但遗憾的是我只能要你们其中的一个。我们不如来个小小的比赛，谁最终胜出了，谁就留下来。"这样的方式不但公平，而且有趣，小家伙们当然都同意。店主接着说："规则是这样的：我在这里立一根细钢管，在距钢管2米的地方画一条线，你们都站在线外面，然后用小玻璃球投掷钢管，每人十次机会，谁掷准的次数多，谁就胜出了。"结果天黑前谁也没有掷准过一次，店主只好决定明天继续比赛。

第二天，只来了三个小男孩。店主说："恭喜你们，你们已经成功地淘汰了四个竞争对手。现在比赛将在你们三个人中间进行，规则不变，祝你们好运。"前两个小男孩很快投掷完了，其中一个还掷准了一次钢管。后来轮到小春了。他不慌不忙走到线跟前，瞅准立在2米外的钢管，将玻璃球一颗一颗地投掷出去。

令人意想不到的是：他居然一共掷准了七下！

这让店主和另外两个小男孩十分惊诧：这种几乎完全靠运气的游戏，好运气怎么会一连在他头上降临七次？

店主说："恭喜你，孩子，最后的胜者当然是你，可是你能告诉我，你胜出的诀窍是什么吗？"

小春眨了眨眼睛说："本来这个比赛是完全靠运气的，不是吗？但为了能得到这份工作，昨天我一晚上没睡觉，都在练习投掷。所以才能打败其他竞争对手，取得最后的胜利。"

试想，如果小春不是牺牲了一晚上的睡眠时间而苦练投掷，他如何能战胜其他竞争对手，而最终胜出呢？他又如何能获得好运气的眷顾呢！

我们每个人的智力、个性、悟性等都有很大的不同，但并不是说天才就一定会成功，普通人就一定不能成功。重要的是把自己的心力和智慧集中在一点，找到走向辉煌目标的突破点，这是至关重要的。正所谓一招鲜吃遍天，如果三心二意，一心多用，这也想干，那也想得，其结果势必是什么也得不到。

一个人具有竞争力，就不会被社会所淘汰；一个公司具有竞争力，业绩就能蒸蒸日上；一个国家具有竞争力，就能在世界舞台上扬眉吐气。竞争力不是以打倒别人为目的，而是要自动自发地培养自己的实力，努力在实践中增强自己的才干。锤炼自己的意志。竞争不是你死我活，惟有良性的竞争，才是进步的动力和源泉。

[
竞争
激发潜力
]

当今社会，竞争无处不在，尤其是职场上的竞争更是愈演愈烈。从进入职场上的那一天起，我们就生活在各种各样的竞争之中。有竞争，有对手，人们才能努力去奋斗。许多成功人士，无一不是具有强烈的竞争意识。

比尔·盖茨是一个竞争意识非常强烈的人，对于别人来讲，他是一个强劲的竞争对手。而且他也毫不掩饰自己的竞争意识，经常在公开场合扬言要击垮竞争对手。

松下公司的创始人松下幸之助认为，无论政治领域或者商业领域，都因比较而产生督促的力量，一定要有竞争意识，才能完全地发挥出自己的潜力。

但是，需要注意的是，一定要树立正确的竞争意识。要堂堂正正、光明正大地和别人去竞争，如果想通过搞歪门邪道、使点"阴招"把别人挤垮，那么到头来只能是搬起石头砸自己的脚，不会有什么好结果。

小孙和小马是一对十分要好的朋友，他们在一家公司里的同一部门工作。因为部门主管升迁，公司准备在部门里选拔一个新的主管。消息传开后，大家都闻风而动，都希望自己能入选。后来传来内部消息老板主要在考察小孙和小马，他们俩的能力都很突出，尤其是小孙，办事能力强，为人也不错。

小马得知小孙就是自己的竞争对手后，就暗下决心，想把小孙排挤掉。但他也明白，如果堂堂正正地竞争，自己并没有胜算的机会。于是，他就四处活动，在上司面前极尽"献媚"之能事，除夸大自己的能力外，还处处给老板一个暗示——小孙有许多缺点，他不适合这份工作。在小马的"积极"活动下，他终于把小孙挤了出去。但是当他坐到那个梦寐以求的位子上时才发现，他根本就不是胜利者，多数人对他嗤之以鼻，他的工作无法顺利开展，而且每次面对小孙，他都心怀愧疚。仅仅过了半年，由于工作没有成效，他就被免职了。

竞争是当今社会的主旋律，无论对于企业还是职场人士来说，适当的竞争都是必不可少的。竞争能够促进企业、个人快速成长和成熟起来，但我们一定要树立正确的竞争意识，学会正确对看待自己的竞争对手，不要把竞争对手看做是"敌人"，甚至想和对方拼个你死我活。我们要抱着向对手学习的心态。要善于学习对手的长处来弥补自己的短处。欣赏和学习对手的优点，会让我们变得更强大。同时也有利于拓宽自己的事业之路。

大卫生活在美国西部的一个小镇上，他在小镇上开着一家杂货铺。这个铺子是从他爷爷手里传过来的，爷爷传给了爸爸，爸爸又传给了他。大卫很会做生意，他的商品质量好而且价格公道，因此在小镇上远近闻名，小镇上的人们很信赖他，生意一直很好。大卫的儿子也十七八岁了，小铺子就要有新的接班人了。

但是，最近大卫遇到了一件很大的麻烦事。有一天，一个外乡人笑容可掬地来拜访大卫，他说想买下这个铺子，请大卫自己定个价钱。

可是大卫怎么舍得呢？即便出双倍的价钱他也不能卖呀！这可是祖上传下的基业啊！它是事业，是遗产，这里凝聚了大卫太多的心血和汗水了。

可是外乡人却显得很不以为然。他笑嘻嘻地说：

"真抱歉。我确实就想在这个小镇开个铺子，我已选定街对面那幢空房子，粉刷一番，弄个漂漂亮亮的，再进些上好的货物，卖得便宜一些。你能竞争得过我吗？到那时你恐怕就没生意了！"

接下来几天，每天大卫都看见街对面的空房里有很多干活的人在进进出出，又是粉刷墙壁又是做柜台的，忙得不亦乐乎。

看到这些他真是心焦如焚，不知道该怎么办。最后他只能无可奈何地在自家店门上贴了张告示：敝店系祖传老店，价格公道，服务上乘，欢迎惠顾。

小镇上的人们看到这张告示都吃吃暗笑。

街对面的新店开业前一天，大卫在自己的店里坐立不安。他真想把对手痛骂一顿，以解心头之恨。

这时，大卫的妻子走了过来，声音低低地说："大卫，你是不是很烦，巴不得把对面那房子放火烧掉，对吧？"

"是巴不得！"大卫简直在咬牙切齿，"烧了有什么不好？"

"烧也没用，人家入了保险。再说，这样想也太缺德了。"

"那你说我该怎么想？"大卫没好气地说。

"亲爱的，心胸放宽广点吧，你去为他们祝愿吧。"

"祝愿大火来烧？"

"你总说自己是个宽厚之人，大卫，怎么一碰到关系自己切身利益的事就犯糊涂了呢。你该怎么做自己就不清楚吗？你应该去为他们送上祝愿，祝愿他们新店开业，祝愿它能生意兴隆。"

"你脑袋有病吧，珍妮。"

话虽这么说，大卫还是听从了妻子的话，决定去一次。

第二天早晨新店还没开门，全镇人已等在外边。大家看着正门上方赫然写着"新新百货店"几个金字，都想进去一睹为快。大卫也挤在人堆里，他高兴地跨到台阶上大声说：

"外乡老弟，恭喜新店今天开业，祝你生意兴隆，财源茂盛，这是全镇人的福音啊！"

他刚说完便传来了一阵热烈的掌声，全镇人都围上来簇拥着他，还把他举了起来。大家跟他进店参观。大家都关心商品的价格，大家看了都觉得很公道。那外乡老板笑嘻嘻地牵着大卫的手，两个生意人热烈地攀谈着，像是久别的老朋友一般。

后来，两家铺子生意都变得很兴隆，两家竞争对手互相学习，取长补短，生意越做越好了。

真正要做成大事的人，总是把对手当作自己的伙伴，在竞争中提高自己的智慧和能力。你的对手不仅是敌人，也是学习的对象。学会欣赏你的对手，向你的对手学习，你们会携手走向辉煌，而互相拆台只会令双方两败俱伤。

"物竞天则，适者生存。"竞争已经渗透到了我们生活的方方面面，更成了职场上的一种常态。积极主动地参与竞争会使竞争者时刻都处于一种积极进取的状态。积极的心态使一个优秀的员工在面对竞争时，能以发展的姿态来应对竞争，在竞争中不断发现自己的不足，努力提高自我，为自己创造更好的发展空间。

不可忽视的团队力量

团队精神是团队成员为了团队的利益和目标而相互协作、尽职尽责的意愿和作风，是高绩效团队必备的一种特质。一个成功的团队，应该是一个有机的、协调的并且有章可循的、结构合理的整体。

很多大型的知名企业都非常重视团队精神，没有团队精神的人是注定不受它们青睐的。因为这些优秀的企业深知，一个没有团队精神的员工，只会阻碍公司的发展。

作为高科技行业，IT行业始终保持着迅速发展的势头，人才的需求呈现大幅上涨的趋势，但这些企业对人才的筛选是十分严格的。个性过于鲜明、明显缺乏团队合作精神的人往往让IT企业退避三舍。

在《中国IT从业人员心理特征研究报告》中，将沟通与团队合作能力列在了IT行业从业人员应具备的12种职业核心素质的首位，可见企业对员工的团队能力的重视程度。

中国IT业近年来的迅猛发展是人所共知的，2006年我国软件业总体规模达到3000亿元，并以30%多的年增速高速增长，高于同期的GDP增速。但专家指出，我国IT业现在仍处于成长期，要到2010年以后才逐渐步入成熟阶段，在这个过程当中，软件业有巨大的市场潜力可以挖掘。

毋庸置疑，我国IT业存在着巨大的人才需求空间，但是企业对于人才有着自己的评判标准，对于应聘者的考核非常严格有时候甚至相当苛刻。

东方标准人才服务有限公司与华南师范大学人才测评研究所对北京、上海、杭州、大连、广州5个城市的500多家IT企业进行了深入的调查研究后，共同完成了《中国 IT 从业人员心理特征研究报告》。该报告将 IT 行业从业人员按照岗位特征、职责和要求划分为四类岗位：管理类、销售类、技术支持类和研发类，并以之为基础，通过国际最先进的胜任素质模型建构方法进行分析，并总结出 IT 行业职业核心素质和岗位核心素质。

研究结果显示，IT 行业从业人员应具备 12 种职业核心素质，根据重要性排序依次为：沟通能力、团队合作能力、学习能力、责任感、问题解决能力、诚信、主动性、理解能力、应变能力、抗挫抗压能力、踏实、大局观。

但是这些职业核心素质在管理类、销售类、技术支持类和研发类的岗位素质要求中所占的比重却不尽相同。例如，对管理类人员而言，沟通能力、责任感、学习能力和团队合作能力等最看重；而销售类人员则在沟通能力、问题解决能力、主动性和诚信等方面要求较高；技术支持类人员则看重学习能力、责任感、团队合作和沟通能力等；研发类人员则在团队合作、学习能力、责任感和问题解决能力方面更重要。

从各企业的招聘情况来看，企业对 IT 人才的团队合作能力十分青睐，而上述报告则将沟通与团队合作能力列在了最前列，即使是第三和第四种能力——学习能力与责任感，也都与团队能力密不可分，无疑给向往从事 IT 行业的人们传达了一个鲜明的信息：IT 人的自我修炼，应该从团队做起。

一个人可以凭借自己的能力取得一定的成就，但如果把自己的能力与别人的能力结合起来，就会取得更大的令人意想不到的成就。

一加一等于二，这是人人都知道的算术，可用在人与人的团结合作上，那就不再是一加一等于二了，而可能是等于三、等于四、等于五……合作就会产生更强的力量，这是非常浅显的道理。

麦肯锡咨询公司的人力资源经理曾说过这样一件事：他们在招聘人员时，一位履历和表现都很突出的女性一路过关斩将，在最后一轮小组面试中，她伶牙俐齿，抢着发言，在她咄咄逼人的气势下，小组其他人几乎连说话的机会都没有。但最后，她却没有被录用。人力资源经理认为，这名应聘者尽管个人能力超群，但明显缺乏团队合作精神，招这样的员工对企业的长远发展是很不利的。

大家都知道，一个成功的团队，应该是一个有机的、协调的并且有章可循的结构合理的整体。这个整体的能力并不是它的所属成员的能力的简单的算术和，而是一种不论在数量上还是在质量上都远远超出其每个成员的能力的新的力量。

当一项工作或任务远远超出个人的能力范围时，进行团队协作就势在必行。团队不仅能够完善和扩大个人的能力，还能够帮助成员加强相互理解和沟通，把团队任务内化为自己的任务，这样的团队会战胜一切困难，赢得最终的胜利。而作为这样的团队成员也会在团队协作这个过程中迅速地成长起来。

一个企业的成功不是靠一个人或几个人能完成的，必须通过全体员工的努力。团队效应既可以发挥每个人的最佳效能，又可以产生最佳的群体效应。个体永远存在缺陷，而团队则可以创造完美。

每个部门、每个员工都应从公司的整体利益出发，善于进行换位思考，发现别人的长处，发现双方存在的共同点，取长补短，树立团队协作意识。同时，要不断培养作为某一企业员工的自豪感，让员工深刻体会到在这个集体中凭借着共同的努力可以战胜所有的困难，去实现员工自己的人生价值。

事实证明，企业靠单打独斗就想干大事情的想法是不现实的也是不受欢迎的。因为所有的公司都一致认定，一个人即使再优秀，如果他不具备团队精神，那么也不会录用他。

一家世界500强企业在招聘高层管理人员时，有9名优秀的应聘者经过初试，从上百人中脱颖而出，进入了由公司总裁亲自把关的复试。总裁看过这9人详细的资料和初试成绩后，相当满意。但此次招聘只录取3人。所以，总裁给大家出了最后一道题。

总裁把这9人随机分成甲、乙、丙三组，指定甲组的3个人去调查本市婴儿用品市场；乙组的3个人去调查妇女用品市场；丙组的3个人去调查老年人用品市场。

总裁解释说："我们录取的人是负责开发市场的，所以，你们必须对市场有敏锐的观察力。让大家调查这些行业，是想看看大家对一个新行业的适应能力。每个小组的成员务必全力以赴！"临走的时候，总裁还补充说："为避免大家盲目开展调查，我已经叫秘书准备了一份相关行业的资料，走的时候自己到秘书那里去取。"

两天后，9个人都把自己的市场分析报告送到了总裁那里。总裁看完后，站起身来，走向丙组的3个人，分别与之一一握手，并祝贺道："恭喜3位，你们已经被本公司录取了！"然后，总裁看见大家疑惑的表情，呵呵一笑，说："请大家打开我叫秘书给你们的资料，互相看看吧。"

原来，每个人得到的资料都一样，甲组的3个人得到的分别是本市婴儿用品市场过去、现在和将来的分析，其他三组也类似。

总裁说："丙组的3个人很聪明，互相借用了对方的资料，补充了自己的分析报告。而甲、乙两组的6个人却各行其是，抛开队友，自己做自己的。我出这样一个题目，其实最主要的目的，是想看看大家的团队合作意识。甲、乙两组失败的原因在于，他们没有合作，忽视了队友的存在！大家要明白，团队合作精神才是现代企业成功的保障！"

可以说，团队精神是企业成功的要诀之一，也是企业选择员工的标准之一，一个公司的政策的延续性和它的团队精神密不可分。同时，员工的团队精神是否能得到发扬，是决定工作成果的最为重要的因素。

著名的《华尔街日报》和哈里斯互动公司曾做过一项联合调查，结果显示，美国公司在招聘企业管理专业的毕业生时，最重视的特质是团队合作的能力和处理人际关系的技巧。可见，企业是多么重视员工的团队合作精神。

共存共荣
方是共赢

人生犹如战场，但人生又不同于战场。战场上一方不消灭另一方就会被另一方消灭，而人生赛场不一定如此。为什么非得争个鱼死网破、两败俱伤呢？

在职场中，个人与个人、个人与集体之间相互依存，共生共荣。竞争是必要的，但"你死我活"的竞争方法，于人于己均无好处。既然如此，为什么不采用"双赢"战略呢？所谓"双赢"简言之就是利人利己。损人利己的行为是不可取的，更是一种不道德的行为。

只有"利人利己"才能让自己和他人共同进步，共同取得成功，因此，我们把它称为"双赢"。

你得利，也让别人得利，这种"双方都能获得利益的双赢"，大家何乐而不为呢？

小陈毕业于某大学市场营销专业。毕业后就去了一家公司做起了销售工作。由于刚出校门，没有工作经验，他总是虚心地向公司的老销售人员请教，还买来很多销售方面的书籍，业余时间细细研读，摸索和总结经验。不仅如此，他在工作中也十分勤奋，认真。每天都去拜访客户，不厌其烦地向客户介绍、讲解公司的产品。遭受白眼和冷遇是经常的事，但他从不放在心上。和他同时进公司的几个销售人员由于不堪工作的压力都相继辞职了，但小陈从没有产生过退却的念头。还是一如既往地坚持着自己的初衷，他坚信只要自己努力工作就一定会出成果。工夫不负有心人。在做了一年多的销售工作之后，小陈终于取得了不小的成绩，接连为公司赢得了几个大客户。单子也一笔接一笔地签了下来。

由于小陈工作努力、业绩突出，不久就被升任为分公司的主管。当时，总公司下边有很多分公司。各个分公司之间都在明争暗斗，大家都想在竞争中获胜，成为业绩最突出的团队。小陈并没有这样的想法。他没有把自己仅仅定位在分公司的主管上。他想，如果我是公司总裁的话，那我肯定希望所有分公司的业绩都很出色，所以他毫不保留地将自己的成功经验和盘托出，介绍给其他有竞争关系的分公司的主管们。

表面上看起来，小陈好像"很傻"，自己辛辛苦苦取得的成功经验怎么能转眼就送给别人呢。其实，后来的事实证明，小陈是有大智慧的人。不久，在小陈的帮助下，小陈的上司，也就是公司的副总经理得到了提升，因此这个位置也就空了下来，就这样，小陈很快就被提升为公司的副总经理，又一次实现了职场上的完美跨越。

当你与别人合作时，你也应该采用"双赢"的竞争策略，这绝对不是看轻你的实力，而是为了现实的需要。任何"单赢"的策略对你都是不利的，因为它必然会导致失败的结果。

除非对方是个软弱无能的人，否则你在与对方进行争斗的过程当中，必定会付出很大的心思，而当你打倒对方获得胜利时，你或许已经疲惫不堪，甚至所得还不足以补偿你的损失。

人类社会是复杂多变的，没有永远的胜利者，如果你总是有那种独占的心理，必然会招致祸患，使你的身边危机四伏。在进行争斗的过程当中，也有可能会发生意外的情况，而这意外的情况会使本是强者的你发生微妙的变化，使你反胜为败！

史蒂芬·柯维在他的著作《实践七个习惯》中分析道：双赢思维是一种基于互敬、寻求互惠互利的思考和心智的框架，目的是获得更多的机会、财富及资源，而不是基于资源不足的敌对式竞争。双赢既非损人利己（我赢你输）亦非损己利人（我输你赢）。我们的工作伙伴及家庭成员要从相互依存的角度来思考解决方案。

双赢思维鼓励我们解决问题，并协助个人找到互惠互利的解决办法，是资讯、力量、认可及报酬的分享……利人利己者把生活看作是一个合作的舞台，而不是一个角斗场。一般人看事情总是习惯于用二分法：非强既弱，非胜即败。其实世界之大，人人都有足够的立足空间，他人之得不必视为自己之失。这番话可以说将"双赢"思维分析得极为透彻。

有一个果农，无意中得到了一种神奇的果树种子，结出来的果实皮薄、肉厚、甘甜而又不招害虫，在收获的季节，他的果子引来不少果商购买，这让他狠狠地赚了一笔。同乡们羡慕他的成功，于是纷纷向他"取经"，也想靠果树发家，希望果农能告诉他们种子的来源，带领大家一起致富。果农想了想没答应，他的想法是，种子是我好不容易弄到的，都告诉了你们我靠什么赚钱，还是独享比较好。同乡们没办法，只好去买其他的种子种果树。那个果农起初的几年凭借自己的新果子着实发了财。可是过了几年，等他的同乡们的果树长成、收获时，他的果子质量却大大下降了，再也没人买了。他百思不得其解，打折处理完果子后，就去省城请教专家。专家告诉他，你的同乡们种的都是旧品种，只有你种的是新品种，果树开花时，蜂蜜、蝴蝶通过风传递花粉，把旧品种的花粉带到了你的果树上，所以你的果子质量就下降了。"那有什么解决的办法吗？""事情很简单，告诉大家种子的来源，让大家都种。"果农也想通了，于是照做了。再到收获的季节时，果农和他的同乡们都获得了大丰收，果子也卖了个好价钱，大家都欣喜不已。

在这个故事里，起初果农只考虑自己的利益，不肯给相亲们提供新品种的来源，却没想到只是享受了短暂的几年，就面临了几乎灾难性的后果。这说明，一个人如果一味地自私自利也许暂时会得到一些好处，但从长远的角度来看是得不偿失的。

因此，无论从哪一个角度来看，那种在竞争中必然与别人拼个你死我活的思维方式于人于己都是不利的。因此，你应该学会运用"双赢"的策略，使彼此相互依存，共存共荣。

真正的智者懂得：面对利益时与其独吞，不如共享，注重彼此融洽与互助合作才是明智之选。

总而言之，"双赢"是一种良性的竞争，更适合于现代社会中同仁之间的相互合作。不过，人在自己处于绝对优势时常会得意忘形，不惜一切地去与对手争斗，其最终的结果大多是两败俱伤，一切的努力都将会化为泡影。

想独自获利是一种贪婪，而双赢就是一种策略，是一种明智，是一种美德，是一种境界，是一种收获。

换一个角度
看待失败

生活中，我们每一个人都遭遇过成功与失败，这二者就像一对孪生兄弟，总是相伴而生。现实生活中，我们无法只拥有成功，但也不会总是遭遇失败。

人的一生，其实就是由成功和失败组成的一系列的过程。所谓失败是成功之母，讲的就是这个道理。其实失败并不可怕，当你清醒地面对失败时，你会发现，失败原来也是一种收获，它是酝酿成功的肥沃土壤。当你克服了一个又一个困难，不断地在跌倒处爬起来，继续拼搏，顽强奋斗时，成功也就离你不远了。

职场中人也会经常遭遇成功与失败。关键是要树立一个良好的心态，成功了不要得意忘形因为还有下一个挑战在等待着你；失败了也不要灰心丧气，跌倒了再爬起来就是了，你不会永远失败，权且把它当作一次宝贵的经验和教训。

某大公司招聘人才，应聘者云集。其中多为高学历、多证书、有相关工作经验的人。经过三轮淘汰，还剩下11个应聘者，最终将录用6个。因此，第四轮由总裁亲自面试。

奇怪的是，面试那天，考场上出现了12个考生。总裁问："谁不是应聘的？"坐在最后一排的一个男子站起身："先生，我第一轮就被淘汰了，但我想参加一下面试。"

在场的人都笑了，包括站在门口的那个端茶倒水的老头儿。

总裁饶有兴致地问道："你第一关都过不了，来这儿有什么意义呢？"男子说："我有很多经验，我认为这就是财富。"

大家听了都笑起来，觉得此人要么就是太狂妄，要么就是脑子有病。男子说：

"我只有一个本科学历，一个中级职称，但我有 11 年的工作经验，曾在 18 家公司任过职……"总裁打断他："你的学历、职称都不高，工作 11 年倒是不错，但先后跳槽了 18 家公司，这一点让我对你的能力产生了怀疑。"男子站起身："先生，我没有跳槽，而是那 18 家公司先后倒闭了。"

在场的人又都笑起来，一个应聘者说："那你可真够倒霉的！"

男子也笑了："我不觉得自己倒霉，相反，我觉得那些经历都是我宝贵的财富，我现在也只有 32 岁，重新开始并不晚。"这时，站在门口的那个老头走过来，给总裁倒茶。

男子继续说："我很了解那 18 家公司，我曾与大伙努力挽救过它们，虽然不成功，但我从它们的错误和失败中吸取了很多教训；很多人只是追求成功的经验，而我，更有经验避免错误与失败！"

男子离开座位，一边转身一边说："我深知，成功的经验大抵相似，很难模仿，而失败的原因各有不同。与其用 11 年学习成功经验，不如用同样的时间研究错误与失败。别人成功的经历很难成为我们的财富，但别人失败的过程却可以让我们引以为戒。"

男子就要出门了，忽然又转过身："这 11 年经历的 18 家公司，培养、锻炼了我对人、对事、对未来的敏锐的洞察力。举个小例子吧，真正的考官，不是您，而是这位倒茶的老人。"全场 11 个应聘者面面相觑，都把视线转向了那个倒茶的老头。那老头笑了："很好，你第一个被录取了。"

现实中，人们大多都喜欢谈自己成功的经历，而不愿意提及失败的经历。觉得说出来不好听，让自己"很没面子"，其实大可不必如此。失败的经验与成功的经验同等重要。它是把工作做好的驱动力，也是获得成功的催化剂。一个成功的人绝不会在成功路上顺顺当当、一帆风顺，他们多是在经历了各种挫折与打击、失败与跌倒后，痛定思痛，重新面对自己。当回首曾经经历的那些失败的往事时，他们大多心怀感激之情，因为正是这些失败的经历促使自己最终走向了成功。

　　大发明家爱迪生的辉煌人生就和失败结下了不解之缘。若不是遇到了那些数不胜数的麻烦事儿，恐怕也没有那些举世瞩目的发明的问世。

　　小时候，他家里很穷，连书都买不起，更无法买起做实验用的器材。困难中，他想到了收集瓶罐，用它们来替代实验器材。一次，他在火车上做实验，不小心引起爆炸，车长甩了他一记耳光，他的一只耳朵被打聋了。后来，他患上了严重的失聪症，只能勉强听到外界分贝较高的声响。然而，他却认为，与其被动地听毫无意义的声音，不如让自己处在一个"安静"的环境里，专心读书和思考。

　　生活上的困苦，身体上的缺陷，并没有丧失他对生活的信心。在发明电灯的过程中，他先后实验了1600多种不同的耐热材料，面对每一次的不成功，他没有灰心，并乐观地认为自己至少知道哪些材料不合适。正是在一次次失败中，他才取得了一项又一项的发明。据统计，他的一生共留给这个世界1093项发明。

　　从失败中吸取教训，总结经验，无疑是智慧的选择。从大的方面讲，社会发展和科学技术的进步，无不是人们在经历过一次次失败与挫折之后吸取教训的结果；从小的方面讲，对于一个能够正确面对失败的人来讲，从失败中获得的教训同样可以催人奋进，激励自己去不断地拼搏进取，使自己的事业不断地迈上新的高度。相反，逃避失败的人，是对失败的低头，是向命运的屈服，这样的人，只能永远生活在失败的阴影中，而终生无所作为。

　　当今社会，各行各业之间的竞争越来越激烈，而那些成功人士之所以能够在激烈的竞争中逐渐脱颖而出，并最终成为各个领域的佼佼者，和他们在失败中的思索不无关系。他们会感谢那些折磨自己的事儿，因为正是它们让自己具有了常人所不具备的坚忍，勇于拼搏，不断进取的精神。这些正是他们走向成功不可或缺的驱动力。

　　换一个角度看失败，你就会感悟到，对于我们来讲，其实失败也是一笔宝贵的财富，正如爱迪生所说的："失败也是我需要的，它和成功对我一样有价值。"

逃避越久，
错误越大

我们不是圣人，我们都会犯错。但犯了错如果试图狡辩、逃避，那无疑是懦夫的行径。这样做，你的错误便永远没有改正的机会。与其逃避错误，不如勇敢承担。只要你站出来承担了，你的这次错误也会变得非常有意义。

勇敢面对 应承责任

对我们每个人来说，错误是不可避免的。面对过错，我们应该勇敢地面对它，不要试图逃避自己应承担的责任。我们应将承认错误、担负责任根植于内心，让它成为我们脑海中一种强烈的意识和人生的基本信条。

乔治·华盛顿是美国人心目中的英雄。他领导了美国的独立战争，是美利坚合众国的创立者之一，1789年当选为美国第一任总统。他为人正直、品德高尚，深受美国人民爱戴。为了纪念他的功绩，美国的首都就以他的名字命名。

华盛顿出生在一个大庄园主家庭，家中有许多果园。果园里长满了果树，但其中夹着一些杂树。这些杂树不结果实，影响着其他果树的生长。

一天，父亲递给华盛顿一把斧头，要他把影响果树生长的杂树砍掉，并再三叮嘱，一定要注意安全，不要砍着自己的脚，也不要砍伤正在结果的果树。在果园里，华盛顿挥动斧子，不停地砍着。突然，他一不留神，砍倒了一棵樱桃树。他害怕父亲知道了会责怪他，便把砍断的树堆在一块儿，将樱桃树盖起来。

傍晚，父亲来到果园，看到了地上的樱桃，就猜到是华盛顿不小心把果树砍断了，尽管如此，他却装作不知道的样子，看着华盛顿堆起来的树说："你真能干，一个下午不但砍了这么多树，还把砍断的杂树都堆在了一块儿。"

听了父亲的夸奖，华盛顿的脸一下子红了。他惭愧地对父亲说："爸爸，对不起，只怪我粗心，不小心砍倒了一棵樱桃树。我把树堆起来是为了不让您发现我砍断了樱桃树。我欺骗了您，请您责备我吧！"

父亲听了之后，哈哈大笑，高兴地说："好孩子！虽然你砍掉了樱桃树，应该受到批评，但是你勇敢地承认了自己的错误，没有说谎或找借口，我就原谅你了。你知道吗，我宁可损失掉一千棵樱桃树，也不愿意你说谎逃避责任！"

华盛顿不解地问："承认错误真的那么珍贵吗，能和一千棵樱桃树相比？"

父亲耐心地说："敢于承认错误是一个人最起码的品德。只有敢于承担责任的人才能在社会上立足，才能取得别人的信任。看到你今天的表现，我就放心了。以后把庄园交给你，你肯定会经营好的。"

在父亲的教导下，华盛顿把勇于承担责任作为人生的基本信条，一生从未改变过。很多年以后，这个故事在整个美国广为流传，并因此影响了一代又一代的美国人。如今，责任已经成为美国人身上一个不可或缺的重要素质。

我曾经请教过上百个企业家和经理人："是否真的有一些人比别人更敢于承认错误、担负责任？这些人是否真的比别人更有可能成功？"答案非常清楚："是的！"事实上，你会发现那些成功者们都具有这种优良的品质。

在漫长的一生当中，我们每个人都会或多或少、或轻或重地犯错误、做错事情。所以说，错误很多时候是不可避免的，它将伴随你一生，无论你愿意不愿意。这一点对每个人来说都是一样，无论尊卑贵贱，男女老少绝无例外。难道不是吗？谁敢说自己小时候没有因为做错事而被妈妈责备？华盛顿砍倒了樱桃树……是的，那时我们还小，还不懂道理，当我们长大甚至已经很老的时候呢？难道你没有因为工作失误被老板训斥过吗？要知道错误是不可避免的，它将与你终生相伴。

每个人对待错误的态度都不同，有些人能够像华盛顿那样做到勇于承认错误，承担自己应该承担的责任；也有很多人选择逃避过错，推卸责任。事实上，承认错误，担负责任是每个人都应尽的义务，任何一个不愿意破坏自己的名誉、不愿意最终走向破产的人，都必须认真而正确地对待错误和责任。这也是每个人都应具备的最根本的品德。

承认错误并担负责任是需要足够勇气的。这种勇气源于人们自身的正义感，也就是人类的自爱，这种自爱之情是一切善良和仁慈的根源。人类的全部活动都受制于人们的道德良心。它使人们行为端正、思想高尚、信仰正确、生活美好。只有在良心的强烈影响下，一个人崇高而正直的品德才能发扬光大。我们应将承认错误、担负责任根植于心，让它成为我们脑海中一种强烈的意识。在日常的生活和工作中，这种意识会让我们表现得更加出类拔萃。

通常情况下，很多人在犯错误时，都会寻找各种各样的借口，试图逃避自己应承担的责任，妄图安慰自己内心的愧疚。如果你如愿以偿地做到了这些，那么你很可能会第二次犯同样的错误，并能够再次找到"更好的"借口。试想，哪个老板会信任并提拔这样的员工？当然没有。我们在一开始的时候就应将寻找借口的路堵死，勇敢地面对错误、承担责任。这样你才能吸取教训，从失败中学习、成长。即使你的老板不是一个优秀的管理者，他也会明白：一个敢于承认错误、勇于承担责任的人是值得信赖和重用的。

让我们勇敢地来面对错误，承担责任吧。这样做会让你变得更加优秀，离成功更近一步！

[不推卸，有担当地 承认错误]

如今，我们打开电视，迎面而来的都是政坛领袖、商界CEO，以及各行各业的成功人士；翻开报纸，在连篇累牍的人物专访中，主角仍然是他们。看着他们"慷慨陈词"、"指点江山"，仰望着包裹他们的炫目的成功光环，你是否会心生羡慕，盼望有一天，你也可以像他们一样？如果你仅仅是这样想想，那我告诉你，你错了。因为，在他们光鲜的表面背后，担负的是比常人更重的责任。

看看我们自己和身边的人，下面的这个场景你应该不会陌生——

如果一个人上班迟到了，老板问他，他十有八九会说：

"今天车太堵了，实在是没办法，所以迟到了！"

"今天公车来晚了，所以迟到！"

"今天下雨，所以迟到！"

"今天……"

这样的回答比比皆是，却很少有人这样说："对不起，这是我的错！"

试想，一个连上班迟到这样的小错都不敢面对的人，又如何能够担负起更大的责任？又如何能让老板放心地将重要工作交给他做？

现在，社会上有许多年轻人只想着一味地追求享乐，却养成了懒散不负责任的习惯。在对待工作时，他们总是敷衍了事，认为自己付出一份劳动就该拿到一分钱，缺乏最基本的责任心。懒散、消极、推卸责任，等等，坏毛病如同瘟疫一样在社会上蔓延，破坏了整个社会的道德体系。其实，这不仅是对自己、也是对社会极不负责任的一种行为。这不仅会让你沉沦于社会的底层，永无翻身之日，同时，也会腐蚀整个社会。

身为美国著名的社会活动家、职业培训专家和多家著名跨国公司的咨询顾问的沃尔特·米勒（Walter Miller）先生，他在对许多成功人士考察后发现，决定他们成功的最重要因素不是智商、领导力、沟通技巧、组织能力、控制能力等，而是一种责任，一种努力行动、使事情的结果变得更加积极的态度。这也正是我想向大家阐释的一种责任理念。

从某种意义上说，在我们漫长的人生道路上，错误是不可避免的。承认错误，承担责任，是每个人应尽的义务。只有能够担负责任的人才是可以委以重任的人。

在营救美国驻伊朗大使馆被扣人质的作战失败后，美国总统卡特立即在电视上发表郑重声明："一切责任在我。"这句话使得卡特总统的支持率骤然上升了10%。正确对待错误和责任也是做人应具备的最起码的品德。及时地承认并改正错误，就可以将错误的负面影响降到最低。

我们都应该明白这样一个道理：遇到问题，只要我们把责任推卸给别人，而不从自身找原因，那么失败和低水平的表现就会变成理所当然的事实。

不为失败 找借口

当我们犯错时，万万不要寻找各种借口来搪塞或推卸自己的过错，从而忘却自己应该承担的责任。借口对问题的解决起不到任何帮助，它只能让你在情绪上获得短暂的放松。让我们抛弃找借口的习惯，要勇于承认错误，分析错误，并为此承担相应的责任。更重要的是让我们从错误中学习和成长。远离寻找借口的习惯，成功会离你越来越近。

那是一个周日下午，风很大，我和我的家人驾车行驶在高速公路上。突然，一幅惊人的画面闯入我们的视野：在公路右侧的旷野中，一个中年人正从他的轮椅上扑向一大片报纸。报纸在空中飞舞，狂风将报纸吹得到处都是。他不能站立，只能在地上爬行。他努力想去抓住那些报纸，可风实在是太大了，他的腿又有残疾，转眼间，旷野中到处都是报纸。威尔，我的大儿子，在我后面喊到："爸爸，我们去帮帮他吧！"我们迅速地将车停好，然后一起冲出去帮忙。

风很大，我们几个人四处奔跑捡拾着地上和空中的报纸。当我抓住报纸，将它们抱在胸前的时候，强烈的好奇心使我十分想知道发生了什么事。我们将报纸都找回来，围拢在那个人的周围。这时他紧紧地抓着他费了很大力气才捉住的几张报纸。

我的一个孩子问他："发生了什么事情？"他挣扎着坐回到轮椅上，一只手臂抖个不停，好像是残废了。他说："老板让我把几捆报纸送给客户，等我到地方的时候发现缺了一捆，急忙回来沿途寻找。当我来到这里时，我简直不敢相信我的眼睛，报纸飘得满地都是。"

我未经仔细考虑就问道："你打算一个人把这些报纸捡起来吗？"他很奇怪地望着我说道："当然，我必须这样做。这是我的错！"

　　你是否可以想像这样一个场景：

　　一个双腿和一只胳膊都有残疾的人匍匐在狂风肆虐的旷野中，试图抓住漫天飞舞的报纸。尽管这不是他所能做到的，但他勇敢地面对了自己的过错，这使我感到震撼。虽然他身体残疾，但却拥有最健康的责任心。

　　人们常常对承认错误和负担责任心怀恐惧。因为二者常常会与接受惩罚联系在一起。通常，人们更愿意对那些运作良好的事情负责，而不愿对那些出了差错的事情负责，对后者,总是想方设法找各种各样的理由和借口来为自己开脱。例如：工作业绩不理想，那么一定是老板领导无方、相关部门配合不得力或经济形势不好造成的；汽车半路抛锚，一定是汽车产品质量不过关，厂家不对；老板不喜欢自己，一定是他不懂得欣赏……总而言之，错不在自己。

　　这种思维只会阻碍人们正常的、积极主动的解决问题的生活态度。它将会使人一事无成。面对问题，不究其原因，而是将精力都浪费在毫无意义的寻找借口上，以致业务荒废，效率低下，最终得不常失。

　　一旦出现过错，借口就成了你的避风港，你总能找到一些冠冕堂皇的理由来博取老板的同情与理解。借口的最大好处，就是使自己在心理上能够得到短暂的平静与安慰。但长此以往，借口将会使你变得懒惰。不愿意再努力去工作，去积极寻找解决问题的方法。假如一个人不懂得承认错误、承担责任、不懂得每一次失败当中都蕴含着成功的因素，就不会从错误、失败中不断学习和完善自己，就不会使自己的能力有所提高，很可能再犯同样的错误。这样的员工又何谈得到老板的赏识和重用呢？

　　面对过错，没有任何理由，不要让借口成为习惯。常言道：学坏容易，学好难。一个好的习惯常常要花很长的时间才能养成，但在很短的时间内却能养成一种坏的习惯。不论是好习惯还是坏习惯都会对人的工作、学习和生活产生极大的影响。比如，你每天按时起床，锻炼身体。这不仅增进了自身的健康，同时也使你每天拥有更多的精力投入到繁重的工作中去。但在养成这样的好习惯之前，你一定有很多个早晨都在想：再多睡 5 分钟，还是立马起床呢？反之，坏习惯则很容易被人接受。寻找借口就是极易养成的坏习惯。所以千万不要找任何理由为自己的过错开脱。

如果我们不能承担责任，就会顺其自然地将责任推给别人，从而去责怪和批评别人、制造借口、贬低周围的一切，以此来证明自己的清白。但是，当你在贬低别人的同时，也不可避免地将自己贬低到了同样的水平。选择指责别人或把失败的理由归咎于其他的因素，会让你心理感到轻松，这样做似乎你的所作所为就不会被追究，就不必再独自面对问题的挑战，同时你也不是造成问题的主要原因。换言之，如果你逃避了本应承担的责任，就是和你周围的人划清界限，与群体或社会脱离了关系。这种行为降低了人的社会性，使人们变得软弱无能。它除了能让情绪获得短暂的放松外，对问题的解决毫无帮助。这也解释了为什么"承担责任"这种观念其实在我们的社会中尚未流行的原因。如果你与这个世界相互联系，并应对随之而来的问题，那么，承担责任是困难的。然而，对承担责任的回报也是丰厚的，你将会感到长期的自信、被尊重和有力量。

通常，人们的思维习惯为自己的过失寻找各种借口，认为这样就可以逃避惩罚。正确的做法应该是，承认它们，分析它们，并为此承担起责任。

在面对错误时，更重要的是懂得如何利用它们，从而让人们看到你如何承担责任，如何从错误中吸取教训，改过自新，具有这种工作态度的员工会被每一个老板所欣赏并提拔。

责任面前，
拒绝托词和沉默

或许出于对老板责罚的害怕，从而隐瞒错误，推卸责任。但无论你推卸还是不推卸，责任就在那里不增不减，你都将会为自己的行为而感到羞耻、内疚与不安，来自你良心的惩罚将会比老板的惩罚更严重。不要害怕说："这是我的错！"事实上，这句话将会使你付出的代价减到最小。

卢梭是法国著名的革命家、哲学家。但是他小时候却做过一件令他十分懊悔的事情。卢梭为了生存，经人介绍，在一个有钱人家里打工。一天，这家的女主人去世了，家里非常混乱。卢梭乘机偷偷拿了这家小姐的一条绣带。谁也没有看到。卢梭当时只是觉得好玩才拿的，也没有怎么特意藏起来，不久就被发现了。老管家把卢梭叫到跟前，拿着那条绣带问卢梭："这条绣带是哪里来的？"

卢梭当时非常紧张，支支吾吾了半天，说："是马里翁送给我的。"

马里翁是家里的厨娘，比卢梭大几岁，不但人长得漂亮，而且乖巧、谦虚、诚实。大家都很喜欢她。听说是马里翁偷了绣带，大家都不相信。

于是，管家又把那个姑娘叫来，让她和卢梭当面对质。卢梭由于做贼心虚，指着马里翁抢先大声地说："就是她！是她把那个东西送给我的。"

姑娘吃惊地瞪大眼睛看着卢梭，好半天才说："不是的，管家。我根本不知道这件事。我也没见过这条绣带。"

卢梭仍然硬着头皮说："你撒谎，就是你送给我的。"

姑娘用一双无辜的眼睛看着卢梭，说："卢梭，求你说实话，可不要因为一条绣带断送了我的前途啊！"

卢梭虽然知道这样诬陷他人是不对的，可是又不好意思反悔，只好继续很无耻地指控那位姑娘。

姑娘很气愤，对卢梭说："卢梭，我原来以为你是个好人，想不到你是个爱撒谎的坏孩子。我看错你了。"

她转过头去，继续为自己辩解，再没有搭理卢梭。因为她不屑于和这样不诚实的人争论。

由于卢梭和马里翁都不承认是自己偷拿了绣带，管家只好把两个人都辞退了，并且说："撒谎者的良心会惩罚罪人的。它是会为无辜的人找回公道的。"

老管家的预言果然没有落空，卢梭从此受到了来自良心的强烈谴责。他时常会想起那双无辜而善良的眼睛。一想到由于自己的不诚实，使得她丢掉工作，白白顶上小偷的罪名，并且很难再得到他人的信任，找到合适的工作，卢梭就有说不出的难过，好像千万小虫子在咬他的心一样。

卢梭不但没有勇气承认自己的错误，反而还诬陷了善良、无辜的马里翁，从而错上加错。这样做，虽然使他逃脱了法律的制裁，但却不能逃脱来自自己良心的谴责。为此，卢梭终生都无法摆脱这种痛苦。如果上天再给卢梭一次机会，他一定会毫不犹豫地对老管家说："对不起，先生，是我拿的。这是我的错，这件事情与马里翁无关，我会承担全部责任。"

工作也是如此，我们难免会在工作中犯很多错误，有些人勇敢地对老板说：对不起，这是我的错，我没有把工作做好。他们也许会受到责罚，但他们的内心却是平静的，因为他们已经为自己的过错付出了代价。当然，也有很多人竭尽所能逃避责任，将错误推卸到他人身上。如果你生活在一个组织中，下面的话你一定耳熟能详：

都是财务部门没有及时拨款才把事情搞砸了！

都怪经济不景气我们的业务才没有进展！

都是某某没有做好才拖了我的后腿！

......

也许这样的托词可以使你逃脱老板的惩罚，但你真的能做到内心平静吗？

有时我们在没人发现的情况下做了错事，这时，你可以选择主动承认错误或保持沉默。承认意味着接受老板的责罚，沉默意味着逃脱责任。但当你选择后者时，你真的逃脱了吗？你只是选择了另外一种惩罚自己的方式而已：来自良心的谴责。你会为自己的行为感到羞耻、内疚与不安，也会担心老板发现真相后，后果不堪设想。每天带着这种忐忑不安的心情而生活，你认为会比承认过失更好吗？

通过上面的例子，卢梭的经历清楚地告诉我们，不要试图逃避错误、推卸责任，否则良心将会惩罚你。40年后，卢梭将这件事情写到了他的名著《忏悔录》里，以此来警醒世人，做错了事情一定要勇敢地承认并承担责任。否则，你将遭受良心的谴责，永远为自己的罪行而忏悔。

恪守你的
责任之心

不成功的人士各有各的缺点，但成功的优秀人士却都有这样的共同点，那就是具备高度的责任感；工作态度表里如一、一丝不苟；永远抱有工作的激情。

人们常说，成功是透明的，容不得半点虚假和半点水分。这是一句非常有哲理的话，为了更好地理解这句话的意思，我们不妨先看看下面这个故事：

有一位母亲和两个女儿，母女三人相依为命，过着简朴而平静的生活。后来，母亲不幸病倒，家里的经济状况开始恶化起来。这时候，大女儿珍妮决定，去找工作，以维持家庭生计。

她听说离家不远的地方有一片森林，里面充满着幸运。她决定去碰碰运气。

如人们传说的那样，一切都很幸运。当她在森林中迷失方向、饥寒交迫的时候，抬眼一看，不知不觉之中她已经来到一间小屋的门前。

一跨进门，她吃惊地缩回了脚步，因为她看到了杯盘狼藉，满地灰尘的场面。珍妮是一个喜欢干净的姑娘，等她的手一暖和过来，她就开始整理房子。她洗了盘子，整理了床，擦了地。

过一会儿，门开了，进来12个她从没见过的小矮人。他们对屋里焕然一新的环境十分惊讶。小女孩告诉他们，这一切都是她做的。她妈妈病了，她出来找工作，想在这里歇歇脚。

小矮人们非常感激。他们告诉她，他们的仙女保姆去度假了。由于她不在，房子变得又脏又乱。现在他们需要一个临时保姆。

一切又是如此幸运。小女孩高兴极了，她马上表示愿意当他们的临时保姆。

工作生涯开始了。第二天，她早早地起床，给主人们做早餐，打扫屋子，准备晚餐，手脚勤快，工作又认真。

第三天，第四天也是如此。

到了第五天的时候，她透过厨房的窗子看到了美丽的森林风景。"对了，自从来到这里，我还没有见过白天森林的景色。出去看看吧。"小女孩对自己说道。

一切都是那么新奇。她在外面玩了整整两个小时。回到屋里的时候，太阳已经快落山了。她急急忙忙得跑过去整理床铺、洗盘子，准备晚饭。还有一件重要的事情——打扫地毯和地毯下面的灰尘。但由于时间太短，她决定不打扫地毯下面的灰尘了。"反正地毯下面没人看得见，有点灰尘也没有关系。"

一切都非常顺利，小矮人回来后，并没有发现什么。

又过了一天，珍妮又跑出去玩，又没有打扫地毯下的灰尘。"我每周清理一次灰尘就可以了。"珍妮对自己说道。

又过了5天，小矮人也没有说些什么，用过晚餐，他们聚在一起打扑克。其中有一位小矮人丢了一张牌，他们到处寻找都没有找到。这时候有一位小矮人开玩笑地说："说不定那张牌钻到地毯下面去了。"

很不幸的是，居然有人相信他的话，他们揭开了地毯，看见了灰尘满地的地板。

结局如你所料，幸运之神不再眷顾珍妮，她丢掉了这份工作，离开森林，开始寻找下一份工作。在深深的懊悔中，她开始明白：就算机会垂青，工作机遇降临身边，也要付出责任心，百分之百地完成自己的工作。这样才算真正地掌握了机会，利用了机会。

这是一则经常出现的故事，被大多数人所熟知，同时也有很多人在这个故事中受益匪浅，从中领悟到了生活和工作的真谛。他们的内心拥有平衡感，不会因看到某个人在一夜之间成为优秀的人就说："他们是上帝的宠儿，是机遇让他们成功的。"他们能够正确的看待事实，清楚成功的本质，认为成功取决于个人品质和自身的不断努力。

迈克尔·乔丹是全球皆知的篮球场上的无敌"飞人"，年薪达上百万美元；美国 Viacom 公司董事长萨默·莱德虽年近花甲，白发斑斑，内心却永远年轻、神采奕奕，他所领导的公司在美国拥有相当的知名度；事业有成的比尔·盖茨仍潜心凝神地工作，一心想把微软的产品卖到全球的各个地方……在这里，他们虽然有各自不同的身份，或是球星，或是公司的董事长，但他们却有着惊人相似的工作态度：认真地对待工作，全身心的投入工作，在工作中从未想过要投机取巧，更不会耍小聪明。在他们的职场字典里永远没有狡猾这个词，有的只是一种积极、聪明的做法。并借此取得令人瞩目的成就。

在世界上，不仅美国的成功人士具有这些优秀品质，几乎全球各地每个成功人士都是以责任心为基础的。美国强劲的竞争对手——日本，同样有着一些令人敬畏的企业和一批令人敬佩的企业家。松下公司的总裁松下幸之助先生就是一个典型的例子。

现在，很多人都喜欢买松下公司的产品，认为这些产品质量靠得住。松下公司的产品之所以能够获得顾客的赞誉，这与松下员工的工作态度是密不可分的。在这个公司里的每一位员工，都具有典型的"松下风格"。松下先生认为：一分没结果，全局就等于零。他要求每个员工都要具备毫不松懈、有始有终的责任观念，也就是要形成透明工作的行为作风，不放过任何一个死角。他告诫员工，再细微的事情，再平凡的地方，都不要认为它们是无关紧要的事情。而要认真地想一想：如果缺少了这一点，工作还能算是完美的吗？

如果我们能把小事情也完成得很出色，那为什么不好好去做呢？

"态度决定一切"。因此，可以肯定地说，美国公司和日本公司之所以能够成为世界上最强劲的公司，是因为他们具有一个共同的推动力：对工作负责，对顾客负责，对自己负责。从这里，也可以看出负责任的观念是一切优秀事物的来源。做人亦如此，经营事业也同样如此。

如果你恪守着责任心，全面、谨慎地做好你的工作，你就会获得一切。

工作
无小错

在工作中，我们犯的往往都是一些很小的错误，所以很多人都会忽视它们。但如果你去了解一些成功人士，就会发现它们有一个共识：工作无小错。小错误也有可能引起严重的后果，千万不要因为错误的微小而忽视它，"防微杜渐"说的就是这个道理。

对大多数人来讲，工作都是由一件件小事而组成的。例如：士兵每天所做的工作就是队列训练、战术操练、巡逻、擦拭枪械；饭店的服务员每天的工作就是对顾客面带微笑、耐心回答顾客的问题、打扫房间等。而你每天的工作可能就是接听电话、整理报表、绘制图纸。所以在我们的日常工作中，出现的错误往往都是小错误，甚至有一些错误完全可能被忽略掉。因此，很多时候我们都没有去承认自己的错误，负担起自己的责任。我们经常在心里这样想：如果我犯了更严重的错误，我一定会勇于承认的，这么小的一点事情就没必要那么认真了吧。如果你真是这样想的，那你就错了。还是那句话：要想成功，就必须认识到工作无小错这一点。

哈尔·尼达姆是一个裁缝。一年前他离开了师父，开了一家属于自己的缝衣店。他的手工活做得好，价格又便宜，附近的人都到他那里做衣服，所以他每天都很忙。有一次，一位老妇人到他店里定做了一套礼服。等哈尔·尼达姆做完的时候发现袖子比老妇人定的长了半寸。老妇人很快就会来取这套礼服的。哈尔·尼达姆已经没有时间去修改衣服了。不久老妇人来到了哈尔·尼达姆的店中。她穿上了礼服，在镜子前照来照去，对哈尔·尼达姆手艺大加赞赏。就在她要付钱的时候，哈尔·尼达姆说："夫人，我不能收您的钱。很抱歉，我把礼服的袖子做长了半寸。如果你能再给我一点时间，我会把它修改一下的。"老妇人马上就要穿着礼服去参加一个晚会，所以哈尔·尼达姆已经没有时间了。老妇人表示她对礼服很满意，她准备付钱离开了。尽管她不介意那半寸，但哈尔·尼达姆无论如何也不肯收老妇人的钱。正是哈尔·尼达姆这种勇于承认错误、承担责任、一丝不苟的工作态度使他后来成为一名世界闻名的高级服装设计大师。

哈尔·尼达姆没有因为错误小就不认真对待，将错误放过。正是因为这种良好的态度让他取得了世人瞩目的成绩。现在的很多年轻人都好高骛远，不能踏踏实实地工作。当工作中出现一些小问题时，也不愿深究，得过且过。时间一久，等出现大错误的时候，他们早已养成了逃避责任的习惯。试问，这样的人又如何在事业上取得成功呢？这样的员工又如何得到领导的赏识和重用呢？

有些人因为错误小，不会引起严重的后果，所以就轻视它。事实上，这种想法大错特错。美国历史上有一次探月失败就是因为一节电池的问题。当时飞船已经到达月球却无法着陆。原来是一节价值仅 30 美元的电池有故障。工程人员由于在检查飞船的时候重点检查了"关键部位"而把它忽略了。结果，就是因为这样一节小小的电池，几十亿美元便付之东流。可见小错误也会引起严重的后果。承认错误、负担责任应该从小错开始。

虚心接受旁人的指责

所谓："当局者迷"，很多时候，我们很难发现自己的错误；但对于旁人来说，这些错误都是显而易见的。然而，当他们好心好意提醒我们的时候，却往往遭到我们的误解。事实上，只有敢于冒犯你、指出你错误的人才是你真正的朋友。请允许他们指证你的错误。

一个风和日丽的周六早晨，我驾车行驶在一条四车道的高速公路上。这是一条限速每小时55公里的公路，而我当时的车速是每小时60公里。一个联邦巡警从左侧赶上我，看了我几眼，然后超了过去，"感谢上帝"，我心里祈祷着。然而就当我以每小时55公里的限速继续行驶的时候，那个巡警示意我停下车。当时我心里开始产生一些不好的想法，诋毁了那些"存在是为了保护我们和为我们服务的人。"

接着，他的警灯亮了，警笛也响了。我摇下车窗，伸出头同那个就是打乱我今天日程的家伙说话。

"早上好，警官！"我真诚地说道，心里甚至想加上几句，"天气多好啊，警官。今天你看起来气色真是不错！"但我最终还是选择了闭嘴。他把头伸出了车窗，用一种深沉、傲慢的语气说道："早上好，孩子。"

现在我真的有点不高兴了。我已经35岁了，可他却叫我孩子！

接着他咯咯地笑了，眼里闪烁着一丝狡黠。他说道："你总是在你的行李箱锁上留下额外的一把钥匙吗？"

我回头一看，正像他说的那样：我妻子的那把钥匙正插在钥匙孔里面。那是我女儿昨天早晨留在那里的。我把脸转向他，心里很感激，却又感到有些窘迫。我微笑着回答道："通常不是这样的，警官。非常感激您！"

警车离去的时候，巡警高声喊道："这就是我想做的。祝您今天愉快！"

我认为，他一定对我们之间这次短暂的邂逅感到非常愉快。我又何尝不是呢？

对于警官而言，我把钥匙留在钥匙孔里面的错误是显而易见的；但对我而言，如果没有他的提醒，我一定不会发觉。也许我就那样驾驶1000公里都不会感觉有何不妥。从车后面或其他近距离的位置很容易发现这个错误，但坐在车里面却很难发现。

正因为我一开始就对那位警官产生了错误的想法与猜测，认为他让我停车的目的是要罚款，所以我感到很生气和郁闷。然而，当我了解到他真正的动机是想提醒我把钥匙收好时，一切怨言都烟消云散，变得无影无踪。我忽然有了一种新的猜测：那个警官之所以在那里出现就是为了帮助我。或者说，我的心态或感受变了。

通过这次经历，我收获了很多新的人生感悟。

不论是在工作中，还是在生活或学习中，我们常常会做错事，犯一些小错误。有一些错误我们自己就可以轻而易举地察觉到；有一些则需要我们费尽九牛二虎之力才能察觉到；还有一些，如果没有人提醒，我们则可能永远都察觉不到。

面对错误，如果我们能够做到及时发现并加以改正，就可以将过错的负面影响降到最低，甚至可以采取一些措施弥补自己的过失。并且还可以从错误中吸取教训，学习经验，增长知识。这样，我们以后就不会再犯类似的错误。我相信，假如你在公司里总是犯同样的错误，不要说升职与加薪你的靠边站，恐怕你连自己的饭碗都难保全吧。如果你对此已习以为常，那么有一天老板突然让你另谋高就，你一定不要感到惊讶。

如果我们对于自己所犯的错误能够及时察觉，敢于承认，承担责任，当然最好。可正如我前面所说的，很多时候连我们犯了错自己都察觉不到，就像我把钥匙留在钥匙孔里面，哪怕开车行驶 1000 公里我也不会发觉。但作为老板，却不会因为你没有发现错误就不处罚你。此时，如果有人能够及时地帮你指出错误，那可谓是雪中送炭，帮了你的大忙了。

对于那些我们自己无法察觉，但别人却能一眼看穿的错误，就像我的车钥匙对于那位警官。不要对此觉得奇怪，这是非常正常的事。上帝在这个世界让我们每一个人对事情的感悟都有所不同。当然，你可以通过自身的努力去改变上帝的安排，但这需要机遇、时机和才能。在我们的工作中，由于所处岗位不同、工作经历不同、掌握的知识不同等等，我们的判断力会因此存在很大的差异。

还记得小时候，我们上数学课的情景吗？为什么老师只看了一眼就能知道你的数学题做错了，而你反复检查了好几遍却没有发现问题？你也许会说那时我们还小。那么现在呢？对于工作而言，我们还有很多要学习的。你也许会问：为什么我们部门的人没有发现，但某某部门的人却发现我做错了呢？这个问题问得好！我们往往将自己限定在某一个部门当中，每天都以自己部门的角度看待问题。久而久之，我们便失去了换个角度看问题的能力。你的处境就像坐在车中的我，如果你不跳出这个限制，就永远发现不了错误。而对于汽车外面的人而言，那把钥匙却显而易见。

说到这里，我们好像没有什么可担心的了。但事情远远没有这么简单。回想一下别人指正你错误时的情景，你是否会立即承认，真心地表示感谢，然后尽自己的最大努力去弥补过错呢？如果是，我想对你说：努力吧，成功离你不远；如果不是，我希望你能够认真地听我讲下去。

试想，如果那位警官让我停车以后，我就大声地抱怨他打乱了我的日程安排，甚至当他告诉我车钥匙的事情后，我就说："我乐意那样做，与你有关系吗？"那么，那个星期六我将会怎样度过呢？我想我很可能会在联邦监狱里吃午饭了。即便那位警官大度地放我走了，我的心情也一定不会好到哪里去。如果我再顽固一点，不理会警官的提醒，任由那把钥匙留在那里，那又会是怎样的结局呢？事实上，我们对于指出我们错误的人天生有种厌烦感，认为他们很讨厌，存心给我们穿小鞋，添麻烦，以看我们的笑话为乐。其实，真正的原因是我们害怕错误，不敢承担责任的心理在作祟。

实际上，只有敢于冒犯你，指证你错误的人才是你真正的朋友。如果有人知道你做错了事情却不提醒你，而让你因此丢掉工作，你会怎样看待这个人呢？没错，你会对他的行为恨之入骨。那为什么当别人指出你错误的时候，你反而还要感到那样的不痛快呢？错误是不可避免的，只有勇敢地面对，积极的解决才是明智之举。请允许别人指证你的错误吧！你要敞开心扉真诚地对待他。如果你能做到这一点，你将不会被隐藏的错误所拖累。这将使你受益匪浅。

职位越高，责任感越强

每个领导者应该具备的基本素质就是敢于承担责任。麦肯锡曾经做过这样一个调查，一个成功经理人应该具备哪些素质？结果有近90%的人选择了要敢于承担责任。不要对自己的能力有所怀疑，只要你敢于承担责任，不断从中学习、成长，相信在不久的将来，你就会成长为一名优秀的领导者。反之，如果你不敢或不愿承担责任，你就不可能成为一名优秀的领导。这是一个常识，也是一种积极的人生态度。

请先回答下列问题：

今天下雨忘记带雨伞，你该负多少责任？

你的孩子不到 10 岁就开始抽烟，你该负多少责任？

你的夫妻关系有点紧张，你该负多少责任？

你是销售部门经理，产品质量出了差错，你该负多少责任？

你的上级决策出了差错，你该负多少责任？

洛杉矶的空气污染严重，你该负多少责任？

一般人可能会说：

忘带雨伞，我要负 100% 的责任；

孩子抽烟，我大概要负 80% 的责任；

夫妻关系紧张，我要负 50% 的责任；

产品质量出了问题，谈不上要负责任，如果一定要负，就负 20% 的责任吧；

上级决策失误，我无能为力，应不用负责任吧；

洛杉矶环境污染严重，就更与我不相干了。

看看你的回答是否与上面一样，如果是，那么你与绝大多数人一样具有这样的看法："如果我认为这件事与我有关，我就不会去负责任。""我的上级出了差错，与我又有什么关系呢？"你当然可以这样认为。但是，当你对它持有这种看法时，你就一定对这件事产生不了任何影响力了。

在这里，负不负责任，既不是法律问题，也不是道德问题，而是一种心态问题。

也许你会说，人的能力是有限的，不可能对什么事情都负责任。但是，对于你到底具有多大的能力没有人知道。神经语言学的研究认为，每个人"以拥有所需的一切资源，来对付他们面临的任何处境。"很显然，你的上级要负的责任比你要多得多，布什总统要负的责任与你更是无法相提并论。

同样，你愿意负责任的事情越多，就表明你的能力越大。负责任是扩大自己能力的一个切入点。一个人有多重要，通常与他所负责任的多少成正比。你也许会说，当一个人重要的时候，他负的责任自然就会多，就会重。而事实却是，当你愿意承担责任，并对那些你认为和你有关的事去负责任的时候，你就会逐渐变得重要起来。同时，在这个过程中，你的能力也会得到很大的提升，可能是你所意想不到的。

比如，你认为自己的孩子跟自己关系密切，所以你去关心他，爱护他，而并不会觉得自己能力不足。

有一篇感人的新闻报道，写的是一位老人风雨无阻、坚持多年替孙子上学的故事。这位老人的孙子在 10 岁的时候突然得了一种怪病，遍寻名医也没有治好，只能常年躺在床上。为了不让孩子丧失学习的机会，她决定自己去替孙子上学。70 多岁的老人风里来、雨里去，每天往返数十里路，去替孙子上课，记下笔记，晚上回来再一字一句地教他。新闻照片上，老奶奶和孙子的同学一起站在黑板前演算习题。许多年过去了，那张照片却一直在我的脑海中挥之不去。她坚持了整整 3 年时间、1000 多天！最后让这个孩子以优越的成绩通过了毕业考试！

如果我们对一件事，在没做之前就抱有不可能的心态，那么这件事一定不可能做到。换言之，如果你认为它有可能，那么它就有可能或有相对更大的几率被做到。如果人类认为比空气重的东西永远飞不上天，我们今天就不会有空中旅行的便利。回到前面的问题，如果你认为夫妻关系出现问题的责任在于你自己，你一定会找到解决的办法，并且具备处理的能力；作为销售部门的经理，如果你认为自己也应该为生产质量负责，并认真地把它当作自己的事去做，你一定会促使他们改进生产质量，因为你认为产品质量与你有关。这样，你会很快对生产部门具有发言权。有理由相信，一段时间以后，你就同时具有管理两个部门的能力了，至少是销售部和生产部。

在工作中，如果上级出了差错，你不置身事外，而认为这件事和你有关系，并愿意去负责的话，你一定会很快找到既能顾全上级的面子，又可避免错误发生的办法。并且如果你真的具备这种能力的话，你将有机会成为你上级的上级。

洛杉矶的城市污染真的与你无关吗？从表面上看，似乎真的与你无关，如果你真的认为与你无关，那么你就不会对这种情况的改善发挥自己的影响或作用；换言之，如果你认为这件事与你有关，那么你是可以通过自身努力做一些事令它改观的。比如，你可以提出治理方案，可以投诉排污企业等等。如果有更多的人能像你一样想，像你一样做，那么洛杉矶的空气污染离解决的一天将不再遥远。

"敢于承担责任"是成为一名领导者必备的前提和素质。如果你希望有朝一日能够成为一名领导者，那么就从今天开始培养你的责任感吧。

第一时间将错误降低到最小

　　无论是在工作中还是在生活中，当我们犯了错误的时候，首先想到的应该是承担责任，并采取一切可能的措施设法去弥补自己的过错，将造成的负面影响降到最低，而不是去想如何隐瞒错误或推卸责任。世界上的任何事情都有它的两面性。我们应该以积极的态度去对待错误与责任，并从中不断地学习和成长。

　　下班的时间已经到了，哈恩，一家商场的经理，收拾好东西正准备回家。这时传来了敲门声。"请进。"哈恩回答道。一个小伙子走了进来。"哈钦森，你有事吗？"哈钦森是商场笔记本电脑销售员。做这份工作时间还不久，业务不是很熟练。但他为人诚恳、热情，对工作也很认真，大家都很喜欢他。

　　哈钦森一脸严肃，手里还拿了一个信封。"对不起，经理。今天我犯了一个很严重的错误。"原来哈钦森一时大意把一台价值两万元的笔记本电脑，以一万元卖给了一位顾客。他是特意来向经理承认错误的。

　　"我为我的错误感到羞耻。这一万美元是我这几年工作攒下的，请您收下，作为我对公司的赔偿。如果您要开除我，我不会有任何怨言的。"说完将手中的信封递给了哈恩。哈恩接过信封放到了桌子上，然后问道："你知道那位顾客的联系方式吗？你去找过他吗？""我知道的，他付钱时留下了联系方式。我没有去找他。为什么要去找他呢？是我把两种笔记本电脑弄混了，是我工作的失误，我不想给您带来太多的麻烦。"

　　"所以你就用自己的存款填补那一万元？"哈恩说。

　　"是的，经理。这是我的错，我希望能够弥补它。"哈钦森诚恳地答道。

当你看完后，是不是觉得哈钦森很傻？他完全可以向那位顾客追回一万美元的。如果他不希望因为追款而引起太多的麻烦，他也完全可以将自己的一万美元存款悄悄地入账来了结此事。他完全不需要冒着被解雇的风险跑到经理那里去承认错误，这看起来是多此一举的。如果这真是你的想法，那么我想说你错了。我希望你能够从哈钦森那里学到一些东西来改变你错误的想法和态度。

就像我在前面的章节中所提到的那样，无论男女老幼、尊卑贵贱，只要你活在这个世界上，你就会或多或少地犯错误。我想，对于这一点应该没有人持有异议吧。通常情况下，当人们犯了错误之后，首先想到的就是我该如何隐瞒错误或推卸责任，而不是勇敢地承认错误，并采取一切可能的措施去弥补自己的过错，将错误造成的负面影响降到最小。

说到这里，也许你会反驳我说："你犯了错误，能做到这样。我们从小所受到的教育，就是要勇于承担责任。所以，当我犯了错误后，我也知道应该怎么做。"如果你说的是真的，我将真诚地向你表达我的敬意。我相信你会得到老板的欣赏与提拔，能在有生之年做出一番事业。但对于大多数人来讲，一旦事情发生了，他所做的很可能与他认为应该做的有很大不同。否则我也没有必要在这里啰嗦了。

当人们面对自己的过错时，往往表现的不会那么勇敢。这到底是为什么呢？在人们的心里，总认为错误是一件坏事情。事情都有它的两面性。关键就在于当事者怎样去看待它们。普通人只能看到错误所带来的负面影响，而看不到它为你带来的好处，不能以积极的态度去分析事物，从中获取经验。实际上，错误对你我而言并不是负担，而是财富。如果你能做到用正确的态度对待它，它将会助你不断成长，正所谓从错误中学习，从错误中进步。

对待错误，我们不应该一味地持回避态度。而应在我们发现自己错误的第一时间，马上去想一想采用什么方法，如何去做，从而将过错弥补。很多时候，如果持积极的态度去对待错误，尽可能地去改正错误，我们就不会遭受什么损失。你也许会说："我犯下了不可挽回的错误，无论我做什么也不能挽回。"真的是这样吗？让我们一起来看下面这则实例：

汤姆·邓普生下来的时候，只有半只脚和一只畸形的右手。你认为这种人可以打橄榄球吗？看起来好像是不可能的，然而汤姆·邓普并没有放弃。他要人为自己专门设计一只鞋子，参加了踢球测验，并且得到了冲锋队的一份合约。在以后的比赛中，汤姆·邓普不断地创造奇迹，终于成为一名著名的职业橄榄球运动员。

永远也不要消极地认定什么事情是不可能的，首先你要认为你能做到，再去尝试、不断地尝试，最终你会发现你的确能做到。

把一些不可能的事情变成可能，其实并不难。拿破仑·希尔就曾经用过一种奇特方法。拿破仑·希尔在年轻的时候，一心想当一名作家。而要实现这个目标，他明白自己必须精于遣词造句，字词将是他的工具。但由于他小时候家里很穷，所接受的教育并不完整，因此，"善意的朋友"就告诉他，他的雄心是"不可能"实现的。

然而，年轻的希尔并没有因此放弃理想，而是存钱买了一本最好的、最完全的、最漂亮的字典。在这本字典里面，有他所需要的所有字。而他的计划就是，完全了解并掌握这些字。为了做到这一点，他做了一件非常奇特的事，他首先找到"不可能（impossible）"这个词，然后用小剪刀把它剪下来，丢到垃圾桶里。于是他就有了一本没有"不可能"的字典。从此之后，他的整个事业都建立在了这个前提上——对于一个想要成长、而且要不断超越别人的人来说，没有任何事情是不可能的。

你也许不必像希尔一样，在你的字典里把"不可能"这个词剪掉，但你一定要从你的心中把"不可能"这个观念彻底铲掉。无论你面临什么样的艰难险阻，只要敢于面对、勇于承担责任，采取措施努力弥补，你就可以成功。

关于哈钦森的故事好像还没有讲完。哈恩并没有开除哈钦森，他被哈钦森的行为感动了。有哪一个领导不喜欢敢于承担责任的员工呢？至于那一万美元，那位顾客后来知道了这件事情，主动还给了商场。哈钦森没有受到一分钱的损失。

那么，年轻人，如果你做错了事，你会做出正确的选择吗？

敢于承担额外责任

通常，我们能够做到尽职尽责，却不愿承担额外的责任。上帝以一种十分微妙的方式维持着这个世界的正常运转，他使人们的付出与收获相联系并成正比。如果一个人想取得比别人更大的成就，那他就必须承担更多额外的责任。

在当了 25 年的家庭主妇后，朱蒂决定寻求一份工作来改变她单调的生活。不久以后，她找到了一份不错的工作，在 Home Depot 超市当收银员。

在她做这份工作几周后的一天早晨，一个年轻人快步来到了她所负责的出口，看上去很着急的样子。他快速地放下一些物品和一张 100 面值的美元，而那些物品仅价值 2.89 美元。

"你有零钱吗？"朱蒂问道。

"没有，很抱歉，我身上就带了 100 元。"他回答道。朱蒂不得不做出一项选择。

因为那时超市刚开张不久，朱蒂的抽屉里只有不到 40 元。这意味着她不得不拿着这 100 元去找她的主管，把这"该死的"100 元破开。这是要花时间的，然而，时间正是他的顾客所缺少的。她还能做些什么呢？

朱蒂没有迟疑便做出了一个创造性的举动：她把东西和钱递给那个年轻人，然后取出自己的钱包，从中拿出了 2.89 美元放入了抽屉。然后她继续操作收银机打印了购物清单，撕下后交给了顾客，面带微笑地说道："欢迎你再次到 Home Depot 超市购物！"

"什么？你确定这样吗？"年轻人很显然不能相信眼前的情景。

"是的，先生。从这里您可以出超市，我看您一定有很多事情急着去做，快去吧。由于我们工作的失误耽误了您宝贵的时间，很抱歉，请您原谅！"

"谢谢！"那位顾客激动地说道，然后快速地离开了超市。在朱蒂看来，这件事情到此就该结束了。

然而，两天以后，她的主管拿着一个信封来到了她的面前，脸上充满着疑惑与不解。"朱蒂，我想核实一件事情。你真的在两天前为一位顾客购买了货物？"

朱蒂想了一下，"是的，我想我做过。"

"好的。他给你送来了小费。作为 Home Depot 超市的员工，我确信你知道，你是不能接受小费的。"

"我知道，我不会拿小费。"朱蒂说道。在好奇心的驱使下，她问道："是多少钱？"

"他为你开了一张 50 美元的支票。"

"哇！您看这样如何：我签收这张支票，然后将这笔钱作为我们的比萨基金。这样我们都可以分享它。"

"好的，我看可以。"那笔钱存入了比萨基金，没有人再去想它。

事情并没有结束。过了几天，那个年轻人又在朱蒂的通道排队。这一次是和他的父亲琼森一起来的。琼森是一家大型建筑公司的老板。

老琼森对朱蒂说道："我希望你知道一些事情。因为你那天为我儿子所做的事情，我决定将我公司的供应商从另外一家超市转到 Home Depot 超市。以后无论我们需要什么都将从 Home Depot 超市进货。另外，我真诚地邀请你到我的公司工作，薪水是现在的 5 倍。"朱蒂非常高兴地接受了老琼森的聘请。她现在是琼森公司的一名业务主管。

是的，如果一个人想取得出乎别人意料的成就，那他就要勇于承担更多额外的责任。对于朱蒂而言，在当时的情况下，她完全可以按照公司的规定，让顾客多等一会儿，然后去主管那里把钱换成小面额的。如果顾客不愿意为此浪费时间，那么交易就可以取消。朱蒂尽到了自己应尽的职责，没有人会责怪她。然而朱蒂选择了承担更多的责任。她的行为不属于工作职责范围内，她的额外付出为她带来了额外的收获。可是现在，我们很多企业的员工连自己的岗位职责都不愿承担，又怎么会去主动承担额外的责任呢？

上面我们提到过，上帝维持着这个世界的正常运转，以一种十分微妙的方式。它使人们的付出与收获紧密相连，并成正比关系。假如，你在工作中只是人浮于事，连最基本的本职责任都不愿意承担，那么你只能得到敷衍你的报酬；反之，如果你全心全意地投入到你的工作中，做到尽职尽责，为集体、为公司做出自己的贡献，那你将获得丰厚甚至几倍的报酬；如果你在尽职尽责的基础上敢于承担更多额外的责任，那么你将获得意想不到的成功。至于你，年轻人，选择哪一种方式完全取决于你自己的责任观。

朱蒂凭着"敢于承担责任"的积极工作态度，在任何地方都是一个受欢迎的员工。最近当我与另一家零售商店的老板谈起朱蒂的故事时，他说："我希望这样的人能为我工作！我愿以高薪聘请她！"才华横溢的你，只要能够像朱蒂那样敢于承担责任，相信在不久的将来，你一定会取得更大的成就。

为你的
行为负责

一个人自尊心萌芽的表现，源于他愿意对自己的人生负责。同时更是一个人走向成熟的标志。只有勇敢地承担责任，才能得到大家的信任与认可，才能享受真正的自由。推卸责任，逃避责任，即使得到片刻的安宁，也会因无知而受到惩罚。

下面是一个真实的故事。一位名叫安妮·兰伯特的美国人通过自己的经历告诉大家，她的完美人生是如何开始的。读完她的故事，任何人都有理由相信，自由与责任都将会在安妮的家庭一直延续下去。

"我13岁生日那一天，是我人生的一个重大转折。妈妈把我叫进她的房间，'安妮，我想和你谈谈。'妈妈拍了拍身边的床铺说，'我用了12年的时间来培养你的价值观和道德观。你觉得自己具有分辨是非的能力了吗？今天是你的13岁生日。

"从今以后你就不再是小孩子了，生活是你开始自己拿主意的时候了。从现在起，你自己的规矩自己定。什么时候起床，什么时候睡觉，什么时候写作业，和哪些人交朋友，这些都由你自己决定。'我不明白。你生我的气了吗？我做错了什么吗？'妈妈伸出手搂住我的肩膀："每个人迟早都要自己做主。很多被父母严格管教的年轻人，往往在他们离开大学、没人给他们指导的时候犯下可怕的错误，有些甚至毁了自己的一生。所以我要早一点给你自由。'我目瞪口呆地盯着她，各种念头一起闪过脑海：那么，我随便多晚回家都可以；能够自由参加各种聚会；没有人再催促我写作业……这简直棒极了！妈妈站起来："记住，这是一种责任。家里人都在看着你。而只有你一个人为自己的过错负责。'她说着用力抱了抱我，'别忘了，我一直在你身边。任何时候，如果你需要，我会随时帮助你。'完美的谈话就这样结束了。

"同以往一样，这个生日是与家人一起度过的，有蛋糕，有冰淇淋，还有礼物，而母女间的这次谈话却是我收到的最有意义的生日礼物。

"从那一天起，我在享受自由的时候，始终忘不了母亲的那句话——只有你一个人为自己的过错负责。在这之后的数年间，我做过不少错事，但自己为自己的过错负责的态度，使我迅速成熟起来。"

人总是会慢慢长大，身边的亲人、朋友、老师会告诉我们如何生活，如何做人。但任何行动的落实者都只能是我们自己。只有我们自己会为我们的行为负责，愿意对自己的人生负责的人，是一个人成熟的人。

当我们明白了这些，我们就会在实际行动中不断地改变自己的行为，弥补自己的过失，成为一个既成熟又勇于负责的人。安妮在13岁的时候就开始明白并自己去实践它，在这个过程中她慢慢长大，成熟起来。她懂得为自己负责，同时也赢得了真正的自由。

"承担责任，享受自由"看似是相互矛盾的，实则是一个相辅相成的不可分割的整体。只有勇敢地承担责任，才能得到大家的信任与认可，才能享受真正的自由。如果只是一味地想着逃避责任，甚至推卸责任，这样的人生将不会有自由可言。就算你能因此得到片刻的自由，也会因无知而受到应有的惩罚。让我们从现在开始，无论是少年、中年，还是老年，只要是希望自己的人生能活得更加精彩的人，就去做吧！成熟的行为方式就体现在我们对生活和工作的态度上，体现在负责任的程度上。

为你的人生负责

我们不仅要为自己的工作负责，更要对自己的人生负责。只要拥有高度的责任感，任何职业都可以变得神圣和崇高。

下面所说的，是美国著名电视脱口秀节目主持人菲尔·唐纳休，在他初涉工作时所经历的一件真实的事：

在一个矿坑灾变现场，38名矿工受困在地下。我与摄影师卡塞尔轮流替摄影机保温，每晚与CBS电视台连线，提供《今夜世界新闻》节目中的报道。就在这时，27岁的我发现了一个在电视新闻界大展身手的绝佳机会——参与救援的矿工轮流休息时会聚在一起烤火，热气与黑烟冉冉上升，30多岁的牧师，就在这时开始祈祷……山区居民的虔诚信仰，噙着泪水的妇女与小孩，从天而降的皑皑白雪，以及从未听过的新教徒圣歌。那画面如此动人。我已在心中盘算好如何向观众呈现这则完美的特写报道。这则报道会在电视新闻中播出，我的声音将穿越美国大陆。

我的美梦没能持续多久，摄影机就发出嘎嘎声——低温导致机油冻结。我无助地站在原地，没有画面，没有特写，更别提世界级的名声。我们把摄影机挪向烤火桶。当摄影机终于恢复正常，我恭敬地说："牧师，我是CBS新闻的菲尔·唐纳休。我们的摄影机刚才出了一点问题，所以没有拍到您完美的祈祷。现在，我想冒昧得请您重复刚才的祈祷。我会请矿工们再唱一次圣歌。"牧师一脸困惑。"可是我已经祈祷过了，孩子。""牧师，我是CBS的新闻记者。"我特别强调自己的身份。"我已经祈祷过了，再祈祷一次是不对的。这样做不诚实。"牧师回答我真不敢相信我所听到的话。不能再祈祷,拜托!我亲眼看过太多的重复祈祷:无论是坠机或其他各种重大灾难现场,都有牧师、神父或宗教界要人,愿意为姗姗来迟的电视台记者二度洒圣水。"牧师,"我还是不放弃,"CBS的200多个联播电视台,都会播出您的祈祷;千万名观众都将目睹并聆听您的祈祷,与您一同祈求上帝拯救受困矿工。"我大言不惭地恳求。为了上全国性的电视新闻,我已经到了不择手段的地步。"不",他说,"这样做不对!我已经向上帝祈祷过了。"他转身离去,留下CBS新闻小组颓丧地伫立在雪地上。

我花了很长的时间才想通这件事。那位牧师不愿意为我再来一次,不愿意为千万观众再来一次,他所坚持的,正是对这份神圣工作的责任与信念。

"再来一次"是不对的!牧师坚持自己的原则和信念,他的祈祷是真诚的、是出自灵魂的,这样的祈祷怎么能如同演戏一样重复呢?他这种态度不仅是对工作的负责,更是对人生的负责,他让我们真正地领悟到了祈祷的神圣所在。

从菲尔·唐纳休所讲述的这个真实的故事里,我们同样能领悟到,只要拥有负责任的态度,任何职业都可以变得神圣和崇高。

相处越好，
行事越易

标新立异、故作聪明……并以此来彰显自己的优秀，这是很多职场新人的通病。他们将自己视为羊群里的骆驼，仿佛总是高人一等。其实只是夜郎自大而已，真正的高人，从来不显山不露水，盲目自大只是不自信的表现。

制定目标，步步为营

诸葛孔明可称得上是一个全才，用现代的话来说，集职业经理人各项素质和权谋为一身的代表人物。然而，由于"诸葛一生唯谨慎"的评语，使他看起来过于拘泥，活得不够潇洒自如，然事实决非如此。

孔明一门三兄弟早就为人生目标做好规划，同是杰出职业经理人，便却分事三主。且看孔明同志的简历，未出山前，蛰伏于南阳，观望天下大势，待机而出。此时已有数棵大树可供乘凉，如教师兼人才经纪人水镜先生，孔明的岳父黄老先生等。

孔明一家原是山东的外来人口，但通过这些大树们的提携，很快便与南阳当地的名门旺族结识，并让他们心甘情愿为孔明一家编织人际关系网，使其名声远播。孔明同学四友，都是当地士族名门子弟，这些就是资源。

孔明一生的远大目标非常清晰，所以每每自比管仲、乐毅，他要做的，就是一人之下万人之上的，类似于宰相一类的职务，可谓大志少成。

但现实是残酷的。孔明不过是一个年轻人，二十出头；又是自学成才，既非名校出身，又无高学历，所以后来以曹操为首的一大部分人一再强调"诸葛乃一村夫"。若论工作履历，估计除了放牛锄地的课外实践，也就是在祖国大好河山走一走的社会实践。有学问是肯定的，估其只会纸上谈兵，学院派瞧不上，江湖派也看不起，所以他的广告歌《梁父吟》一唱，大伙必烦心，有此话为证"时人莫之信也"。

事实如此，在一个小乡村里，一个年轻、无名、无学历、无经验的小伙子，抱着达则兼济天下的理想等待属于他的那天。

孔明一生最大的优点，就是会切合实际需要做出非常周详的计划。他会充分考虑各种可能出现或者突发的情况，提前安排布置。当然，他身上缺点也是有的，就是老爱装神弄鬼地自个儿神化自个儿，这也不失作为职业经理人的一种手法，估且不论。在实际操作时，他深通"鸭子浮水脚在水下划"的功夫，一贯好暇以整，还特意买了把鹅毛扇作为道具。

现在，他急需解决的问题，就是如何把自己推销出去，而且此工作不能有"三低"，即起薪低，待遇低，职位低。不仅如此，最关键的是发展前途要一片光明。什么前途？就是既能充分施展个人才华又能让自己兼济天下的理想得以实现，让自己在史记上可与管仲、乐毅一较高下。为了实现这一远大抱负，孔明一直在待机而动。

生逢乱世，孔明深知所需的工作和前途，只能寄托在找到一个合适的老板身上。所以他宁可不出山，出山就一定要千古留名。起初各路诸侯并起，孔明学问是有的，但由于年纪尚小，政治艺术的领悟却不深，想必乱哄哄的一片，他也辨不清这大大小小的老板中哪一个才是他的真命天子。想象一下你在几年前去应聘，你能知道华为会做到今天这样？常言道，乱世枭雄。一大批人才早已涌现，比他名气大的、资历深的、根子硬的职业经理人早已将舞台霸占。例如曹操手下的二荀、郭嘉、程昱……，袁绍手下的审配、郭图……，连西凉军团都有贾诩这样的高人指点。总而言之，各路诸侯手底下都有这么一批贤能的谋士，自己跑去毛遂自荐，从基层做起，怕也没有那个好耐性。

待到曹操荡平北方，大举南下的时候，混乱局势也日渐明朗，孔明心中的真命天子也随之浮出水面。曹操气吐宇宙，超拔群雄，做他的部下怕是只有高瞻远瞩的份儿，曹操在世之时，司马懿这样的牛人也只配做个书记员，借老板的舞台表演就更不用谈了。想当年，管仲、乐毅辅佐的可不是这样的主儿。况且曹操底下帮派众多，哪位堂主也不是省油的灯，孔明再能力卓越去了也先得熬年资。后来他弟弟去了，那个苦哟，他两位大哥在西蜀东吴笑傲江湖的时候，这位三弟还不知道在魏国哪个衙门挂职锻炼呢。

既然曹操不是，那孙权应该是孔明的理想之选了吧。非也，孙家三代治理江东，当地豪族归心，人才辈出，流派众多，一个流窜到中原的山东外来人，汉末深受门阀观念的影响，估计去了也只能过着熬年头看天气的日子。他大哥诸葛谨已去了多年，可成名立万儿的机会基本没有，熬到第二代才见天日把持朝政，这就是事实。况且，孙权本人虽年纪尚轻，天赋却极高，搞起政治来更是游刃有余，虽表面风平浪静，看似即不善文又不能武，但举孙权一世，江东政治最平静，更未听闻地方大臣反叛，政治平衡艺术之精妙可见一斑，孔明若去，即使孙权看得起他，也不可能像后来刘备那样"如鱼得水"视为神明。江东历代都督，哪个不是人中龙凤，孙权也从未说离了谁便难成宴席。

汉朝剩下的那几位军阀头目原地方大员，有头脑的人都知道没多大活头。推来算去，也就刘备还算差强人意。刘备当时已混迹江湖二十载，可谓龙在深渊，要啥没啥，一般人都看不上眼。孔明将其资料仔细分析，顿觉此人大有潜力。第一，刘备有理想有志气，这是举国皆知的事实，刚好孔刘二人的理想完全吻合；第二，刘备能够在两年内过着颠沛流离的生活却不改其志，此乃成大事者的首要素质；第三，刘备的口牌之好和人气之旺也是举国公认的，皇帝称其为叔叔，曹操夸他真英雄，十几年来一帮兄弟跟着他到处拼杀无怨无悔，真可谓外有品牌内有实力；第四，也是最重要的，刘备乃一界流浪汉，虽有一身好本事，但家族资源和先天能力与曹操、孙权却是无法相提并论的，根本就不在一个档次。而且妙就妙在其手下的谋士没有一个真正有头脑的，竞争上岗自然是不存在的。所以即使你出了个馊主意，也没有个明白人能说出个所以然来。象孔明这样年轻、没经验的小伙，做错事的机率不可能为零，既然没有其他同事指证，老板也昏昏然不知所以，历史当然也不会记载了。

既然已确定目标，该怎么实施就得有一番规划，这正是孔明的长项。

《隆中对》所写的内容当中，与企业招聘高级人才时让你对行业的发展战略做一篇系统分析的内容差不多，其实这份秘密报告孔明早就准备好了。估计在未找到合适的公司之前，孔明还针对不同用人单位的不同需求做过别的什么"对"，作为应聘前的准备。现在已将目标企业锁定为刘备集团，别的烧了也罢。

正如上面所说："宁可不出山，出山就一定要千古留名"，即下定决心踏入江湖，要做到"千古留名"自我身价当然不能低了。

做集团老总是有些勉为其难了，但副总或者总助之类的肯定没问题。屈指一数，在这小小集团，想找个能到江东搞成功学讲座"联吴抗曹"的哥们都有如登天，呵呵，这二把手的位置对我诸葛而言岂不如探囊取物一般？想我一在深山里无名无望的小青年，怎么跟老总挂上呢？又如何在挂上之后受到极端器重极端信服，主动把位置给我呢？

对于老同学徐庶的做法，孔明是不太赞同的，自己跑到大街上，通过搞怪的行为引起老大注意，他这种自我宣传的效果看起来是不错。但是，这样做给人的第一感觉就不好，一个优秀的职业经理人绝对不应该是这个样子的。他给人的第一印象就像一个游侠异人，这对以后的职场发展大大不利。

更何况，孔明非常明白"俯而就之者易，跂而求之者难"这句话的道理。自己热情主动地去求老板给个职位，老板就算给了，以后只要一犯错误肯定会被蹬掉。相反，如果是老板硬拉你入伙的，即使你犯了错误老板首先也得为你扛着，否则的话，那不就是老板英明的眼光不会识人么？这样一合计，孔明决心用"鸭子浮水"之术做一把更高明的。

孔明的方法我们现在都已经非常熟悉了，其实说白了，就是干打雷不下下雨，广告做足却老不见货，吊足了客户的胃口。幸好刘备不是张飞这种粗人，不然孔明的一番做作可就算是俏媚眼做给瞎子看了，当然这种事也不会发生。刘备何许人也，早就在孔明及其应聘智囊团的算计之中。首先是水镜先生一番极力推荐，把卧龙之名深印在刘备脑中，但刘备却只心动而未行动。故有徐庶出马再次考查刘备到底有无雄主之气概，考查合格后回马再荐孔明终获成功。待到刘备来访，一早就有线报，孔明等人立即安排。刘备三人犹如鬼子进村，陷入人民战争的汪洋。三人一路听到的歌，看到的人，遇到的事，莫不与孔明有关，直把刘备的胃口越吊越高，心痒难耐。若孔明是一女子，估计普天之下的男人都愿意葬身在他的石榴裙下。男人追不到女人要骂，但女人主动投怀送抱却又要怕。所谓便宜无好货么，孔明自高身价，绝不让刘备轻易得手。但又不至让刘备绝望到一去不回。所以每次刘备见不到正主，正当失望，一准有人偶过攀谈，又把刘备的惺惺之火点燃，并更猛更旺。

当然事情做得差不多就得了，做得太过分就不好了。于是，第三次刘备终于得以被孔明接见，只是还要以睡觉为名让他等几个钟头，也算是最后对老板诚意和心胸的考察吧。弄到这步天地，真不知是老板面试员工，还是员工在面试老板，只能感叹：高，实在是高！

说到那篇《隆中对》，一直以来传说得神乎其神，认为就由此奠定的三国发展的基础。其实，也没这么夸张，无论哪本史书，都只有这么一段话，未免让人疑惑。要我是老板，我肯定会问：先生你说得好是好，可我现在要人没人，要枪没枪，要钱没钱，要粮没粮，眼前的难关还不知怎么过，我又怎么把别人的地盘弄过来呢？战略上您说得是很对很好，但业务的具体开拓您是否也可指点一二呢？既然史书都没写，我估计孔明也说不出个一二三来。他那时的水平，做个战略企划部长可以，做个销售部长就不行了。好在刘备已经如获至宝，心里也清楚自己一个小团伙的力量，硬提市场开拓这个问题岂不是要背上一个故意难为人又显得没诚意，也就不再深究孔明的实践经验问题了。倒是关张二人颇有微词，但搞定老板，便是搞定一切，就算下面的同志再闹意见也白搭。

在这个过程里，孔明看上去好像什么也没做，但他得到了他想要的一切，正所谓无为而无不为，还那么的自然得体！谁说孔明一生只知谨慎不够潇洒？谁说孔明以儒家行法家之事？其实孔明潇洒得很，以后什么安居退五路，什么空城计，都是谋定而后动，深通黄老无为之术的精髓。

以当今的社会背景，这样求职应聘怕是不太可能了，若是真能求职成功，别人见了他也无非就是一句，哼，他不就是背后有人么。

然而，诸葛亮的例子对当今职场还是大有启示的。

首先孔明有着非常明确的人生目标，然后从这个大目标出发，步步为营使目标得以实现。就像一个演员，得先清楚自己到底要演一个什么样的角色，再去设计怎么演才能传神是一个道理。做职业经理人也是如此，如果你自己没有一个明确的目标，抱着走一步看一步的心态，那么别人就会按别人的想法来为你设计你的路。所以我们一定要有目标，就算没有人生目标，也要有职业目标。人活一世，失去主动权是最可怕的。"宁可我负天下人，不可天下人负我"，曹操说得够狠，其实这句话也可以理解为：自己为自己的人生目标掌舵。所以后有孙权为抗曹宁毁其家也决不投降，都使于自己的人生的选择权和主动权要自己牢牢掌握。

有些人张口便是气势汹汹，我要做老板，我要做总裁……如此的职业目标自是远大。可别怪我打击人，诸葛亮当时也不过做一二把手，你又有何德何能可与诸葛亮相提并论呢？所谓一招走错，满盘皆输。如若你不能根据自己的实际情况来设定正确的目标，结果是一样的。我们要搞清楚自身条件，兴趣特长，优势弱项，再综合实际情况来定一个实际点的目标，结果自然会好过数倍。

摆正你的
职场之位

　　每个人在工作的时候都应该摆正自己的位置。做到对自己的工作内容、工作范围和工作性质非常了解，自然就会明白该把自己摆在什么位置上，负什么样的责任，同样，也明白自己逃避责任的后果是什么。正所谓位置意味着责任！

　　无论是在生活中，还是在工作中，我们有没有关注过自己的位置呢？也许有人会问："位置是什么？"简单地说，就是处于某种环境中时，一个人所扮演的角色。比如，少年时代，我们与父母在一起，我们的位置就是做他们的好儿女；当我们有了孩子后，我们为人父，为人母，此时我们就要做一位合格的好母亲、好父亲；在工作中，我们更要找好自己的位置、扮好角色、负好责任，做一位优秀的领导，模范的员工。只有找准位置才能够负起责任！我曾经考察过一个公司。考察期间，该公司的一位员工曾经给我讲过这样一个小故事——

　　有一段时间，公司的业绩差，员工们少有笑语。老总体恤下情，组织了一次郊游。有人带了毽子，大家围成一个圈左右横传，没两三下便有人踢偏，所有人一拥而上，结果撞得人仰马翻，毽子却如失羽的鸟，"啪"地掉进草丛。接二连三，屡试屡败。结果谁都不承认是自己的错。让大家挨个踢了一回，人人都能轻轻松松踢几十下、甚至上百下的高手也大有人在。有人灵机一动，拖一个人到圆圈中央去，毽子一旦出险，让其立即冲上前救援。这一招果然有效，连续踢的最高记录上升到了几十下。

　　兴尽，随着夕阳下山来，路上大家却七嘴八舌地若有所得：所有的圆周，都需要圆心，它是一点与另一点的援臂桥，在人所共有的鲁莽、犹豫、偏差间，不单单是衔接，也是随时紧盯，查缺补漏。这个位置，不可或缺。一个同事说："领导是必需的。"另一个同事说："但最重要的并不是他的才华和能力，而是……"经理慢吞吞地接口："他的位置和责任。"众人相视而笑。

这次郊游在公司引起了很大的反响，公司上上下下都明白了一个简单的道理：无论是在工作中还是在生活中，每个人都要学会对号入座，找准自己的位置，并承担这个位置的责任。正是，各在其位，各司其职。许多人找不准自己的位置，也就不明白哪些是自己应该承担的责任，就好像踢毽子这项简单的运动，你越努力，结果越糟糕。

经过这件事情之后，公司进行了一系列调整，人人都确定了自己的位置，个个都明白了自己的责任，公司的效益呈现直线式稳步上升趋势。

在我们的生活中，存在着一大部分这样的人，他们既不知道自己的工作是干什么的，更不知道自己所承担的责任是什么。这部分人更不会去想对公司或组织的贡献是什么，也不去考虑在整个团队工作中自己应发挥什么样的作用，责任在哪里。

找准位置，只有找准位置我们才会对自己的工作内容、工作范围和工作性质充分了解，才会明白自己所负的责任是什么，从而更明确，更高效地去工作，使自己的职场目标早日实现。

位置意味着责任！如果在一个团队中，每个人都明确自己的位置，承担起相应的责任，工作空白区和责任空缺会大大减少。出现错误，是谁的问题，责任该由谁来负，就会一目了然，就不会在有扯皮现象，背黑锅的事情发生。像这样，工作位置和职责明确到个人，简单清晰，我们还有什么理由做不好呢？

找准自己的位置，也就意味着承担起了自己的责任。

表里如一，尽职尽责

在职场中，尽职尽责是一个人的崇高素养。每个人的良好品质都是建立在这种持久的责任心的基础之上的。拥有良好素养的人会把承担责任变成一种习惯，渗透到实际行动中。这种行动将促进人们不断进步，并在工作中做出更大的成就。

每个人所选的成功之路不尽相同，但要找到开启成功大门的钥匙，却必须要有一样相同的东西，那就是责任心。正如杰姆逊夫人所说："责任心是把一座道德大厦连接起来的钢筋。如果没有这种钢筋，人们的善良、智慧、正直、爱心和追求幸福的理想都难以为继，人类的生存基础就会崩溃，人们就只能无可奈何地站在一片废墟中叹息。"

有个故事我们应该都听说过。当意大利国王迫使帕斯卡侯爵放弃自己挚爱着的西班牙事业时，侯爵的妻子维多利亚·科伦纳写信给他，叫他千万不要忘却自己的职责。她写道："不要丧失自己的品质。优秀的品质胜过王位与万贯家财，而显赫的名誉不过是过眼烟云；希望你不要为浮名所诱，你的品质将是我最大的光荣，也是你留给后代的最珍贵的财富。"

在帕斯卡起义失败、英勇牺牲后，虽然侯爵夫人的美貌令慕名者纷至沓来，但她心甘情愿地忍受着失去丈夫的孤独和痛苦，以此来纪念帕斯卡侯爵的伟大品质。侯爵夫人的这种行为难道不是一种负责任的表现嘛？

1940 年，德国法西斯对英国展开"空中闪电战"，伦敦是受破坏最严重的城市之一。当时有人提议为了安全的原因，让皇室成员撤离伦敦。王后说："在任何情况下，国王是不会离开伦敦的。这是他的责任。"

美国总统肯尼迪在就职演说中说："不要问美国给了你们什么，要问你们为美国做了什么。"这句关于责任的经典话语激励了无数美国青年。

一般来说，尽职、负责与诚实的品质三者是密不可分的。对于那些恪尽职守的人来说，最重要的品质就是诚实。他们总是表里如一，并做着令自己开心、让大家关心的事。关于尽职、负责和诚实，一个典型的例子就是乔治·威尔逊。

他连任于爱丁堡大学。他的一生真可谓苦难连连，但他的心态却很平和，有着让人震惊的蔑视苦难的乐观精神。直到生命的最后一刻，他还写下了这样的句子：死亡并不悲伤，明天依然光明。我痛苦的一生，终于走向了终点！

不能做到恪尽职守的人大多是不诚实的，遇到需要担责任的时候他们总喜欢闪烁其词。不以为耻，反以为高明，但到头来终将是作茧自缚，被人揭穿而遭唾弃。就像皇帝的新装自认为华贵，却始终难掩他裸露的身体。我们要尽量远离这种金玉其外，败絮其内的人，鄙视他们。上帝是公平的，他们将受到应有的惩罚！

一位朋友的来信：

我收到一位朋友的来信，信中他这样描述自己："我工作十年来自认为有些思路，工作能力也过得去，只是一直抱定自己的原则，只要踏实做人、认真做事，就一定会得到领导的肯定，从来都不想有关溜须拍马拉关系之类的事。眼看身边的人一个一个的向上升，心态倒也恬淡，只是最近两年直接领导实在太差了，非常受气，心里也很苦闷……如果让我改变自己的行事原则和处世态度，又是我所不希望的，因为那毕竟不是我的长项，而且做起来也不一定感到快乐，甚至平添烦恼……"

我的回信：通过阅读你的来信，你认为踏实做人，认真做事，就应该得到领导的欣赏与肯定。而最近由于直属领导太差，所以受气很苦，原因就是你得不到领导的认可，对吗？

以我分析你并非无欲无求，你求的是得到领导的尊重与认可。如果说问题出在哪里？就是你十几年来坚守的这个"原则"。你一直以来踏实做人，认真做事就是为了达到这个"求"。但问题是你的行事方法与过程跟你的目标需求之间并无必然因果关系。什么叫做原则？就是你只说你的原则就是"踏实做人认真做事而不求任何名利"，即：原则是不可以拿任何东西来交换的。或许有些企业，只要认真做事做人就会得到认可，但你目前的领导对你的行事为人却并不赞赏，就造成了你感到"心里苦闷"，这就说明你的行事方法与你所要达成的目标是不般配的。

所以如果你既不想这样下去，又不得不继续在这个企业里，在这个领导手下工作，为了自己活得舒心一点，就只有"改变自己的原则"了，有两条路可以选择，一是将"得到领导认可"的念头抛弃，彻底无所求；一个就是改变你现在不般配的行为方式，为实现你的目标找一个合适的。前面我已说过，改变行为方式，并不等于改变自己的价值观和原则。所谓变则通，通则成。死守一种行为方式，不知适时变通的人，不能算是成熟的人。多想想诸葛亮，像他那样设计自己的人生路和行为方式，我们又会有几人批评他投机、没有道德呢？

[标新立异
难被接受]

　　大家对华为的创始人任正非应该都不陌生，这样一位天才人物，值得我们学习的地方自然很多，今天我这里要说的，不是现在的任正非，而是早年的他。

　　当一个人蜕变为成功人物之后，大家都去看上帝，却忘了耶稣还有被钉在十字架上的时候。当某人已经成功到家喻户晓的地步，那他成功路上的本质东西您就很难学到了。名人传记最害人的地方，就是把成功之后的辉煌事迹一条不漏地放大再放大，会给人造成一种错觉：呀！罗马真是一天建成的呢。

　　任正非的父亲和母亲都是乡村教师。抗战时期，任爸爸在某国民党军工厂做会计员，利用业余时间组织了一个"七·七"读书会，还同几个朋友开了一家书店专卖革命书籍。这段经历，是任爸爸在"文革"中饱受磨难的一件事情。在国民党的军工厂工作，并且积极宣传抗日，赞同共产党的观点，但又没有与共产党地下组织联系。这究竟是为什么呢？这就成了一部分人的疑点。在"文革"时期，这些问题如何解释得清楚？任爸爸为此受尽折磨。

　　任正非在《我的父亲母亲》这篇文章中说：父母虽然较早参加革命，但他们的非无产阶级血统，要融入无产阶级的革命队伍，取得信任，并不是一件容易的事情。历次政治运动中，他们都向党交心，他们思想改造的困难程度要比别人大得多，所受的内心煎熬也非他人所能理解。他们把一生任何一个细节都写得极其详尽，希望组织审查。可在"文革"横扫一切牛鬼蛇神的运动中，他还是被揪出来，最早被关进牛棚。

　　由于任爸爸的影响，无论哪一派也不批准任正非参加红卫兵。任正非当兵后，入党申请一直没有通过，也是因为这个问题，直到粉碎"四人帮"以后才得以平反。

1976 年 10 月，"四人帮"倒台之后，任正非一下子成了奖励的"暴发户"。"文革"中，不管他怎么努力，凡是立功、受奖的机会均与他无缘。在他领导的集体中，战士们立三等功、二等功、集体二等功，几乎每年都有大批涌出，而只有他这个当领导的，从未受过嘉奖。彻底粉碎"四人帮"以后，命运翻了个儿，由于他两次填补过国家空缺，又有技术发明创造，合乎那时的时代需要，一下子"标兵、元勋……"部队与地方的奖励排山倒海式地压了过来。

1978 年 3 月任正非出席了全国科学大会。在兵种党委的直接关怀下，部队未等任爸爸平反，就直接去外调弄清任爸爸的历史，否定了一些不实之词，并把他们的调查结论，寄给任爸爸所在的地方组织。任正非终于入了党。后来又出席了党的第十二次全国代表大会。任爸爸也在粉碎"四人帮"后不久得到平反。因为那时百废待兴，党组织需要尽快恢复一些重点中学，加快高考的升学率，让他去做了校长。

以上这些，均改写自任正非的名文《我的父亲母亲》。文章中任正非并没有直接表达出他的处世观，他只说了一句："文革"让他在政治上成熟起来。事实上，父母的遭遇，对任正非有着非常大的影响，当他看着忠实于事业和党的父母仅仅由于家庭出身，始终不能为社会主流所接受，即使比别人多做几倍的工作也无济于事，当风暴来临也是第一个受难者的时候，他明白了一个道理：一定要为社会主流所认可，否定注定一事无成。所以他参军，要把身上的颜色染红。在戎行他做了那么多事，没有任何奖励，他能接受，在他心目中，入党比任何奖励都重要。由于能入党，就不仅是被主流所认可，也为主流所接纳。这方面，任正非做得相当精彩，"文革"结束之前，他已经做到干部级别，以他的出身，相信非常不轻易。他父亲的迅速平反，跟他能入党有莫大关系。

在 1976 年之前，不管他工作多么努力，多么精彩，荣誉与他无缘，而 1976 年之后他的际遇一下从地下到天上，为什么？仅仅是主流的朝向变了。主流的气力就是这样的强盛，几乎没有个人可以抗拒得了。善良的人们往往会说"历史终极会是公正的"，但不要健忘，"所有的历史都是当代史"，历史对某人某事的评价，永远折射着当代的主流意见。更何况，能被历史所记载所书写的人物与事迹，究竟只占少数。

也许任正非的经历比较极端，反差太大。但人在职场，乃至于人在社会，千万要记住，不管你如何定位自己，也不管你设定了怎样的目标，只要你但愿有所成就，就一定要为主流所认同和接受。

别让你的个性过了头

人都有自己的个性，而且都但愿自己不同凡响。

我的一位朋友小 A，初入职场，便以其博学、灵敏和异于同事的奇思妙论著名公司上下，企业内刊在表扬新人时，还赠予"怪才"之名给他。

起先他很兴奋，新进同事只有他这么有名气，只有他每说一句话都被人追捧，他的才华如斯出众又如斯被大伙所正视，所以他越发竭力创造惊人之言，做惊人之事。没几年，一起进企业的同事，甚至不少后进的同事都升上去了，他还在原地打转。他不服气，自己什么都做得不错，哪方面与上去的同事比都强，凭什么？

没有人回答他的疑问，好像也没有人知道为什么。实在道理很简朴，他所在的企业，是一个风气比较守旧，夸大企业文化精神，做事讲究按部就班有板有眼的公司，小 A 已经被企业的主流舆论定位为"怪才"，而且他的这种才在老板和大众眼里只能搞笑，没有实际价值，甚至有时还有点违背企业文化要求，他就已经是企业的异类。公司不需要游侠异人，公司要的是信仰企业文化、遵循规章制度和潜规则的好员工。当老板考虑提拔员工时，这一类怪才是根本不被考虑的，在人力资源部考评时，小 A 永远也不会得到"优秀"的评价，固然"优秀"二字也只是个表面好看而已。假如小 A 这类人都上位了，那岂不代表着公司信仰的文化和游戏规则都变了吗？老板还如何可以管得住一大帮其他人？假如小 A 这类人都算"优秀"，那岂不说明今后公司里是越怪越好，天下大乱才算大治吗？所以就算小 A 实际功课成绩和能力比现在强一万倍，在这个企业中，他只有等着慢慢变老。

更糟糕的是，小A在企业中已经变成异类的代名词，很多分歧公司文化的话反复流传之后到他这里，都说是他的最新创造，就像闻名的某大嘴体育节目主持人那样，一旦群众认定你是什么类型的人，那么该类型的话和事就一定是你说的你做的。完了，就像一提国民党后面加个"反动派"一样，这样的主流舆论定位是任何人都抗拒不了的。

事到如今，小A悔之晚矣。进这家公司之前，他所在的企业老板很赏识他的创意才华，哪知到现在陷入不死不活的状态。假如早几年进的是一家讲求创意，氛围轻松甚至搞怪的企业，说不定现在他都做到总监了。小A最后总结，自己错就错在没有明确的自我定位，不明白自己的上风和弱点，没有根据定位去塑造自己的形象，凭着天赋小智慧为所欲为，以至于被企业钉到十字架上成了反面典型，连才进公司三天没见过面的新员工在知道总裁大名之余都知道他的大名。不少人还故意常常逗他发表搞怪言论，试图从他嘴里听到大伙平时只敢想不敢说的经典语录，发泄一下躲藏在心里的不满、郁闷。

好在故事的结局不算太坏，小A究竟还有很多长处，他终于在企业中找到理解和赏识他的"大树"，固然不是很大，不能提拔他提升，但却认可并为他说好话，让他有机会去介入一些团队项目在大伙眼前树立新形象，创造机会让大老板们见到他改变老板的定见。而小A自己也很争气，有板有眼地按企业规则做事做人，慢慢地不少同事觉得他变了，有些人不知出于什么目的，批评他不像以前那样有灵气，变得虚伪桀黠。但小A很兴奋，由于几个大老板对他的评价大幅升高，他有更多机会去介入项目，甚至有时还做个小组长什么的，主流舆论正在向有利于他的方向发展。更重要的，是小A感觉到自己成熟了很多，为人处世得体了良多，实在他的价值观和人格并没有分裂，但他更会在现实与理想之间平衡了。

像小A那样，有才华有能力也有业绩，同时愿受正视重用。很多朋友看了我的帖子，一再写信给我，说没有夸大立异的作用。他们以为，一个人要显山显水出人头地，不同凡响是最重要的，立异是不同凡响的最好途径。但我要夸大的是，首先你得为主流所认可并接纳，否则立异在职场上，在人际关系上是没有多大用处的。说得刺耳一点，这个世界，谁比谁真的智慧些？

我看到不少人，刚进新公司或单位，看见别人用电脑，跑过去指指点点，什么版本太旧了，我帮你升级。看见别人在讲什么计划，觉得别人不懂最新理论，跑过去插嘴，把自己从书本上得来那一点词藻搬弄。这些也许出于好意，也许出于但愿得到正视，但不管如何，一定要先看别人习不习惯，接不接受。

职场上，第一印象非常重要，应聘的时候都知道这点，尽量表现自己最好的那面，但一旦进了公司，并不是万事大吉了，应聘时留给东家的那点好印象，能不能继承发扬，很大程度上就在于你要先搞清晰这个公司的传统习俗、企业文化、工作氛围，然后去融入集团，继而再用合适的方法表现自己。须知，第一印象没印象，也比第一印象恶劣要好千倍。

[与同事
友好相处]

同事是与自己一起工作的人，是与我们每天相处时间最长的人，与同事相处得好坏，直接关系到自己工作的发展与事业的进步。若同事之间的关系处于和谐、融洽的氛围，人们就会感到工作的舒心、愉快，有利于工作的更好进行和事业的充分发展。反之，同事关系紧张，勾心斗角，经常发生矛盾，就会直接对我们正常的工作和生活造成影响，成为我们事业发展的绊脚石。和我们一样，他们也是在办公室中努力打拼和追求的人。

长期以来，如何与同事相处一直都是办公室必不可少的课题，那些善于处理同事关系的人，总能赢得同事的支持，在办公室中更好地被信任，从而得到更好的发展；而那些自命不凡，不屑或者根本不会与同事共同进取、交流来往的人，则免不了感觉工作毫无乐趣可言，在工作中办起事来也难免举步维艰。早已习惯长时间的处在同事圈儿中的人领悟到：若想在事业上获得成功，在工作中得心应手，必须先建立好和谐、融洽的同事关系。

一、学会换位思考

要想使同事关系相处融洽，首先要学会换位思考，学会从他人的角度来考虑问题，善于做出适当的自我牺牲。切忌以自我为中心，最后使自己被孤立。

在完成一项工作时，难免要与人合作。在取得成绩之后，我们也要记得将成功后的喜悦与大家一同分享，切勿好大喜功，处处表现自己，将大家的成果据为己有。送人玫瑰，手有余香，我们提供给他人更多的机会、帮助其实现生活目标和追求的同时，也会使我们自己得到更多的发展，这些对于处理好人际关系是至关重要的。

还有当他人遭到困难、挫折时，伸出援助之手，给予帮助，这也是替他人着想的表现。良好的人际关系往往是双向互利的。在你把种种关心和帮助给予别人，当你自己遇到挫折困难的时候也会得到许多的回报。

二、聊天问话适可而止

同事们呆在一起时间久了，在办公之余一起闲聊是一件很正常的事情。往往有那样一些人，喜欢夸夸其谈，也许是为了在同事面前炫耀自己的知识面广，总想让别人觉得自己什么都懂什么都会，这些在男同事之间表现的尤为强烈。

俗话说："一瓶子不响，半瓶子咣当"，其实他们也不过是一知半解，大家只是心照不宣罢了。如果你为了满足自己的好奇心，打破砂锅地追问的话，他能给出的答案就会使你失望了。这样，不但会让闲聊的氛围尴尬，也会让这样的同事难堪。那样的话，以后再闲聊的时候，同事们都会对你有意无意地避开。因此，与同事在任何场合下闲聊时，不求过多的好奇，问话适可而止，这样同事们才会乐意接纳你。

三、远离流言蜚语

在办公室里工作，很多人常常会听到这样那样的流言蜚语，比如"××为什么总是和我作对？这家伙真让人烦！"、"××总是和我抬杠，不知道我哪里得罪他了！"……这些流言飞语在职场中像一把"软刀子"，会造成对同事心理的伤害，可以说是一种破坏性很强的武器，也会让受伤害的人感到厌倦和愤怒。虽然说"谁人背后无人论，谁人背后不论人"但要是你对这些挑拨离间的言论非常热衷于传播，当然至少你不要指望其他同事能热衷于倾听。这样经常性地搬弄是非，会让单位上的其他同事对你产生一种避而躲之的感觉。若真是到了这种地步，相信你真的无法在这个单位里工作生活了，因为到那个时候很多同事都在疏远你，无所谓你的存在了。

四、低调处理内部纠纷

在办公室，我们需要经常与同事相处，产生一些小矛盾也是常理之中的事情，不要太介意。但如何处理好这些矛盾，就需要一定的技巧了。首先你得注意方法，尽量不要让你们之间的矛盾公开激化，不要表现出盛气凌人的样子，非要和同事争出胜负。退一步讲，就算你有理，要是你得理不饶人的话，同事也会对你敬而远之，觉得你是个不给他留面子的刻板之人，以后就算与你依然很好，但还是会在心里疏远你的，这样你可能会失去同事的支持与帮助。此外，被你攻击的同事，对你的看法也将大不如前，你职业道路上也会因此少了一些辅助的力量。

五、牢骚怨言要远离嘴边

有一些人无论在什么样的环境中工作，总是牢骚满腹，逢人便大倒苦水，尽管偶尔一些推心置腹的诉苦可以构筑出一点点办公室里真诚的友情，不过，如祥林嫂般地唠叨不停就不太好了，那样不但会让周围的同事苦不堪言，甚至会对你产生厌烦。也许你自己把发牢骚、倒苦水看作是与同事们交流真心的一种方式，但是过度的牢骚与怨言，会让同事们感觉你对目前的工作是如此不满，久而久之会使同事们在工作中不愿与你沟通。

六、善于赞扬别人

每个人要善于接受别人对自己的评价，学会胸襟豁达，对于同事在工作或其他方面表现出的优秀给予更多的赞美和肯定。

还要学会坦诚相待，以真心换真心，让同事看到你的真情，换取朋友、同事对你的信任和好感。当然在赞扬别人时还要注意掌握分寸，不要一味夸奖，使同事对你产生一种虚伪的感觉，这样也会失去别人对你的信任。

会说会听，交际有方

聚精会神的聆听和含蓄生动的表达，是连接心灵的桥梁。因此，在与同事的交谈中，一定要注意倾听，适当地给予反馈。在表达自己思想时，要讲究含蓄、幽默、简洁、生动。

含蓄，既是你高雅和修养的表现，同时也起到了避免分歧、不伤感情的作用。在指出别人的错误并提意见的时候，要在适当的场合，措词要平和，以免伤害到别人的自尊心，使别人产生抗逆心理。

幽默，要想使交谈变得生动有趣，幽默不可或缺，人们不是常说幽默是语言的调味剂吗？

简洁，精简自己说话的语言，在与同事谈话时该说的说，不该说的尽量不提及。

生动，与同事谈话时要有感情的投入，让对方感觉到你的真诚，这样才会以情动人。此谓之生动。当然在表达自己的技巧上要掌握好，还需要不断的实践交流，不断地增加自己的文化素养，拓宽自己的视野，只有这样才能让同事肯定你的人品，乐于与你沟通。

除此之外，与同事间的日常交往中，还应该注意以下几点：

1.性格开朗

开朗，会让同事们主动拉近与你的距离，会感觉有你的世界就会拥有更多的快乐，同事们也乐于和你亲近交流。

要想使自己的号召力和感染力得到改善，不妨试着去促进压抑环境的转变，因为过于压抑的环境经常会给人心理上带来很多不适。而孤僻的人不但会遭人非议，甚至还会被进一步孤立。一个人要想融入周围的环境，最有效的方法便是主动与人交流，热情待人。

如果你的性格不够开朗，那么不妨从现在开始改变。你不要时刻绷紧着脸，而应该先学会对每个同事微笑。事实上，只要你真正学会了微笑，无论在任何场合，都会使自己更容易受人欢迎。

2. 灵活应酬

吃喝应酬并不是一件简单的事情，而是要讲究技巧的。你必须随时保持应酬、交际的习惯，不要等用到别人时才想起"交流"。

比如说，如果你刚领了奖金，不妨邀请大家一起来分享这份喜悦。"这个奖也有大家的功劳嘛，今天我请客"这话谁都愿意听。在与人相处的过程中，千万别忘了要平等待人，自大或自卑都是同事间相处的大忌。比如，如果同事请你吃饭，一般能去就尽量去，即使不能去也要向同事说明情况。

3. 竞争含蓄

在职场中，当我们面对晋升、加薪等等问题时，一定要抛开各种杂念，不耍手段、不玩技巧，但也绝不放弃与同事公平竞争的机会。

在办公室里，不要将地位和利益竞争表现得过于明显，那样做只会招来同事的讨厌与反感，影响自身的形象，也会成为你职场竞争的绊脚石。聪明的竞争方法应该是，表面和气，暗里用劲，那样才不至于与同事在面子上搞得太僵。

面对强于自己的竞争对手，要持有正确的心态；对能力比自己差的，更不要表现得张狂自负。如果与同事的意见产生分歧，避免不必要的争吵，所谓事实胜于雄辩，要学会用无可辩驳的事实和从容镇定的声音使自己的观点得到充分的证明。

4. 作风正派些

勤奋、廉洁的工作作风和正派的生活作风都是作风正派的表现。勤奋踏实工作并尽力把工作做得更加出色的人，才不至于在和同事的工作相处中被看作为负累，也只有这样同事才乐于与你交往。赢得他人敬重的主要依据是廉洁自律。在生活作风方面，都要让自己正派，不要过意地放纵自己。往往私生活的出轨，是让造谣的机会多出更多的口实。

赢得
同事之心

与同事交往中，有些话同事间不好直接地说出来。其中很大部分是对于彼此的一些看法，以及那些难以用语言表达的评价。这些讯息，很多都是你自己无法觉察到的，但在你的人际关系和职场生存却有着预警的作用。学会发现这些讯息，从中看出你的处境并不断地对自己审查，绝对会让自己在与同事的交往中更加收放自如。

你身边有如下的情况发生吗？

1.周末郊游同事们约好一起去，却没有告诉你

这表明他们在疏远你，不喜欢有你容入他们的交往，与上司太亲密也许是一方面，以致和同事脱离了，或许大家怕你出卖他们。抑或你的工作十分出色，常被上司表扬，引起了同事的嫉妒。这就提醒你，要尽快融入同事的关系中。

2.办公室的同事常在一起窃窃私语，你一走近时他们就不说了

这表明他们也许在议论你的隐私或与你相关的一些讯息：你与上司的关系是否很暧昧？私生活中是否有什么不检点之处？把与自己相关的生活和工作检查一下，他们议论的焦点也许就能发现。事后你也可单独请其中一位和你关系较密的人喝茶，以了解症结所在。

3.在发觉自己没什么错误时，你的同事都在背后诋毁你，上司还常常表扬你

这表明你在办公室是个很能干并处处表现的人，这样的英雄主义者，缺少与同事的配合和沟通。办公室作为一个集体，总是单枪匹马地做好事情的话，让自己陷于孤立无援的地步是你会看到的结果。

4.同事常向你倾诉个人隐私和对上司的不满

这表明你在办公室是个比较有威信和可以并值得交流的员工，但这就容易会被其他人和上司看作小帮派，如果在加上平时工作业绩平平，就有把这份饭碗丢掉的危险。

如何赢得同事的心？

1. 合作和分享

把自己的看法更多地跟别人分享，再加上多听取和接受别人意见，这样一来你会获得众人接纳和支持，让自己的工作顺利推展。

2. 微笑

无论他是谁，茶水阿姨、暑期实习生或总经理也好，把自己灿烂友善的笑容时刻保持，必能赢取公司上下的好感。

3. 善解人意

也许只是在同事感冒时你体贴地递上药丸，偶尔经过糕饼店顺道给同事买下午茶，这些关心无足轻重，何乐而不为？你对人好人对你好，才不会在工作中陷于孤立无援之境。

4. 不搞小圈子

跟每个同事保持友好的关系，尽量不要被别人认为你是属于哪个圈子的人，那些会无意中缩窄你的人际网络，给自己带来阻碍。与不同的人尽可能多地打交道获取别人的信任和好感。不搬弄是非，同时避免牵涉入办公室政治或斗争。

5. 有原则而不固执

示人以真诚，不要用虚伪的面具等着被人识破。讲究原则的同时处事灵活，在适当的时候采纳接受他人的意见。切勿毫无主见地万事躬迎，这样只会给人留下懦弱、办事能力不足的坏印象。

6. 勿阿谀奉承

触犯众怒的永远是那些只懂奉迎上司的势利眼。完全没把同事放在眼里，对同事下属苛责，这样到处给自己树敌的做法无异于挖个坑把自己埋着。

7. 勿太严厉

态度严厉的目的也许同样只为把工作做好，然而看在别人眼里，或许是刻薄的表现。如果你平日连招呼也不跟同事打一个，只是在开会或交待工作时才唯一接触，这样的你又怎会得人心，使同事去配合呢？

$$\left[\quad \begin{array}{c}\text{选择合适的}\\\text{拒绝方法}\end{array}\quad\right]$$

身处职场，难免会遇到这样的问题：一位同事会突然开口，把一份难度很高的工作让你帮他做了。如果勉强答应下来吧，要完成这份工作可能需要连续加几个晚上的班才可以，而且这也不符合公司的规定；若是拒绝吧，彼此面子上确实也抹不开，毕竟是在一起工作相处多年的同事。可是怎么找一个合适的理由，既把这项工作推出去又不会破坏同事关系呢？

也许有人会直接对同事说："不要，就是不要，没什么理由！"这样做不是不可以，但绝不是最佳的选择，如果这样拒绝以后可能会让同事关系变得很紧张。你也可以推托说："我能力不够，其实小 A 更适合。"当你说出这样的话时，你有没有想过当同事把你的这番话说给小 A 听时，他会做何反应？不是又使别人记恨我们吗？

当然也可以直接告诉她："我真的忙不过来。"其实这个理由真的不错，但是或许只可以用一次，如果第二次再用时，同事难免就会对你投来许多疑惑的眼光。这样看来这些似乎都不是最佳拒绝理由，那我们到底又该如何婉转地拒绝同事的不合理请求呢？

一、先认真倾听，然后再说"不"

当你遇到同事向你提出这样的要求时，其实在他们心中通常也会有一些担忧和顾虑，担心你会不会马上拒绝他的要求，担心你会不会给他脸色看或者不耐烦。因此，在你要作出决定拒绝之前，你首先去注意倾听一下他的诉说，这里比较好的一种办法是，请对方试着把他面临的处境与需要讲得更清楚一些，这样才方便自己知道应该如何去帮他。然后接着向他表示你能够了解他的难处，设身处地地替他想想，若是你面临这样的境况，也一定会如此的。

再者，"倾听"可以让对方首先有种被尊重的感觉，这样在你将要婉转地表明自己对他拒绝的立场时候，也可以尽量避免伤害他的感觉、或者避免让别人觉得你只不过在应付而已。另一方面如果你的拒绝是因为自身的工作过多、负荷过重，这个时候倾听对方的请求，也可以让你清楚地界定对方的要求是不是你分内工作的一方面，而且看看是否包含在自己目前所要完成的重点工作范围内。或许在你仔细听了他的意见之后，可能会发现在协助或帮助他的过程种也有助于提升自己的工作能力与经验。你这时候不妨在兼顾目前工作的同时，牺牲一点自己休闲的时间来协助对方完成他所面临的问题，相信这样对我们自己以后的职业生涯绝对是有很好帮助的。

还有，"倾听"的另一个好处是，在你虽然拒绝他的同时却可以针对他的实际情况和难题，提出一些可行性的建议，使他现在面临的问题取得适当的解决和发展。当然你提出的这些建议或替代方案如果是有效的，他的请求虽然是被你拒绝了，可对方还是一样会感激你。当然了，如果是在你的指引下找到更适当的方式方法，使他的难题的解决起到事半功倍的作用。这些其实不都是你对他更直接的支持和帮助吗？

二、温和而坚定地说"不"

当你在仔细倾听了同事的要求之后、在自己认为应该拒绝的时候，说"不"的态度必须是要给对方温和而坚定。如果做不到这种温和果决的拒绝态度，不如还是委婉些让对方知道你的拒绝，这就好比同样是药丸，那些外面裹上糖衣的药，就比较让人更容易入口服用下去。同样地，委婉地表达拒绝，也比直接说"不"让人容易接受。

我们要学会婉谢，但千万不要严拒，因为温和的态度响应总是比那些情绪化的过度反应要好得多。我们都知道情绪是具有感染性的，当别人感受到你的严拒表情和语气时对方本身也会有不悦，而"不"这个词通常的情况会引发他人强烈的负面感受，所以，最好情况不要严拒。当你这时候必须要拒绝他人的请求时，还是不要再用不友善的言行去伤害对方，使彼此在情绪上火上加油，这样对同事间的关系更加极其不利。

例如，当对方提出的要求是在公司或部门规定里不允许时，这时你就要委婉地向对方说明，使自己的工作权限让对方清楚，并同时让他知道如果自己帮了这个忙，就有可能超出了自己的工作范围，从而违反了公司的有关规定。暗示他，你自己需要完成的工作也很多已经排满许多的时间，对他的要求也只是爱莫能助了，还要让他清楚自己应该完成的工作的先后顺序，并提醒他如果帮他这个忙，不仅会耽误自己正在进行的工作，而且同时也会对公司造成不必要的损害。这样都会对自己今后在公司的顺利发展产生较大的冲击。

一般情况下，同事听你这么说以后，一定会知难而退，再想其他的解决办法，而不会对你抱有芥蒂或产生其他想法。

三、以对方利益为理由

其实在拒绝对方之时，不妨试着从对方的利益来考虑，以对方的切身利益为切入点试着去向他说明你拒绝的理由，这样往往更容易说服对方。

可以对同事说你之所以拒绝他的要求，并非不肯帮忙，其实更多地是为了他自身的利益着想。比方说，人家要求你在一个不合理的期限内完成一项工作，这样的情况下与其哀嚎地苦苦说你如何的不可能去办到，不如使自己先平静下来，在试着说服对方，告诉他这样的仓促行事对他而言并不是很好。例如你这样说："你交代的工作我是不应该这样急急完成、随便的交差了事，但时间这般仓促，可能会无法做出符合你所期望的水平。"

这样的话缓缓地说出，使同事不仅不会怀疑你的意图，而且还说不定会对你切实从他自身利益着想的态度产生对你的感激。

四、关怀并提出建议

在拒绝并提出一些替代建议后，记住，最好隔一段时间还要再主动关心对方现在的情况。

有时候拒绝是一个很长时间的过程，以后对方或许还会不定时提出同样或相似的这样要求。我们若能化当初的被动为现在的主动地去关怀对方，并让对方能更多地了解自己的苦衷与立场，这样做是为了可以减少拒绝以后的尴尬与影响。让他知道如果双方的情况都改善了，自己就会对他的难处给予支持和帮助，让他的要求满足。这个方法对于业务人员很适用，例如：保险业者经常会面对顾客要求，有很多自己却无法及时给予配合时，像这种主动的对顾客关心询问的技巧更是尤其重要。

在拒绝别人要求的过程中，除了以上的这些技巧，更需要的还是发自内心的热情与关怀。若自己只是一味地敷衍了事，这些对方其实都能看得到、感觉得到的。如果让同事认为你只是在敷衍他，对你们之间的关系伤害更大。反之，在拒绝同事的一些不合理要求时，只要你是出于真心，即使是说"不"，对方也一定也会体谅到你的苦衷的。

$$\Big[\begin{array}{c}赞美之词，\\人皆爱之\end{array}\Big]$$

你是否认为，办公室里充满了沉闷，因为到处都是文件和繁杂的公务。

曾几何时，我们忽然发现，曾经的那些让我们热爱和感兴趣的工作，如今在不知不觉中已经变得让我们失去了热情，索然乏味！当我们不断地面临着越来越大的工作压力时，我们的情绪也在改变，充斥着太多的焦虑和抑郁，我们就会变得越来越烦躁，经常会想起一些不愉快的事情，对本来能够顺利完成的简单工作也会觉得复杂和难度变得更大！往往在这个时候，我们的内心深处就会深深涌起一种渴望，渴望自己被关心和赞美！

一、赞美拉近距离

日复一日的工作容易使人觉得乏味，如果你可以在生活中适当加点趣味，相信会使你的工作变得更顺心，办公室的生活也不会再那么的乏味，会更加多姿多彩，而同事间的关系也会因此变得更加融洽。比如：内心对同事一句由衷的赞美或一个得体的建议，这样就会使同事感觉到你对他的重视和在意，无形中就可以让同事增加对你的好感。试着常常去赞美自己的同事，也许只是"工作做得好呢，衣服很好呀"等等一句句的微不足道的发自内心的赞美之语，都能够拉近与同事之间的距离。

看看下面这个办公室的小场景：

小李在最近剪了一个新发型，她把一头蓄了好多年的披肩长发剪成了齐耳短发，当时有些懊恼和后悔，可回到办公室后同事们看到她新发型都齐声称赞她的短发使她看来更清爽和简洁，于是小李在这一片赞美声之中，把对理发师还残留的怨气一古脑儿全消了。她告诉同事们"当时我剪完头发，觉得一点都不像我理想中感觉的模样，气得我当时就想跟他争吵一架，又找他理论，责怪怎么会给我做成了这样的一个发型？事后这不愉快的心情一直陪着我，直到了今天上班还未消，甚至有一个客户来找我，由于我当时还有些气在心里，其实我平时对客户很有礼貌的，可是今天不知怎么就是看那个客户不顺眼！甚至最后差点跟他发火，刚刚听了你们说的这些话，不知不觉地好像气就消了，感觉心里又顺畅了起来，对客户的态度又回复了以前的友善，感觉工作也顺畅了，真希望你们天天说这些让我开心的话！"

给同事肯定，即使很多的都是与工作无关，也同样能够成为你与同事间建立友好桥梁的纽带。多去发挥你心思细腻的特点，去观察别人最得意或在意的方面，如穿衣打扮，爱好兴趣，工作态度，办事效率甚至还有他那让人值得羡慕的健康等等，哪怕只是你不经意的一句话，都在表明着你对他的关心。

二、种下赞美的"开心果"

赞美从社会心理学角度来说，是一种非常有效的交往技巧和方式，学会赞美能更快地缩短人与人之间的心理距离使沟通更融洽。美国著名的心理学家威廉詹姆士曾经指出："渴望被人赏识是人最基本的天性。"不妨回忆一下在我们不断成长中的那些经历，又有谁没有热切地渴望过他人对自己的赞美？既然渴望赞美是人的一种天性，那我们就应该在工作和生活中学会并掌握好这一生存的智慧。在现实的工作和生活中，有相当多的人不习惯也不知道要赞美别人，同样的由于不善于赞美别人也会很少得到他人的赞美，越来越长的时间这样就会使我们的生活缺乏许多对美的体验和愉快情绪的获得。

一位著名企业家也说过："促使人们自身能力发展到极限的最好办法，就是赞赏和鼓励……我喜欢的就是真诚，慷慨地赞美别人。"如今，赞美更被许多的企业家不断提及。这个时候我们如果想真心诚意地搞好与同事们之间的关系，就不要光想着自己的那点沾沾自喜的成就和功劳，这些别人是不会给予理会的；而是需要在与同事的相处中去发现别人的更多的优点、长处、成绩。适时地给予别人赞美，记住，我们不要那虚情假意的逢迎，而是要真诚的，慷慨地去赞美。

就从明天起，开始去发现别人的优点和成绩吧！如果你发现中午的工作餐有一道你爱吃的好菜时，千万不要忘记赞美说这道菜做得不错，并且把这句话传给大师傅知道；如果你忽然发现一位同事的项目搞得很利索很成功，也千万不要忘记赞美他雷厉风行的工作作风和能力；我们说出这些话语虽然并不能令他们得到加薪或提拔的好运和机会，但至少，他们知道了你的赞美也知道你是诚心诚意地向他们奉上了一颗奇异的"开心果"。

三、赞美要有原则

工作中少不了赞美，但有一点一定要注意，赞美别人也是要有原则的，切不可盲目地虚夸，不然你就免不了被别人误会，就会有阿谀奉承之嫌了。

1. 要有真实的情感体验。这种情感体验既包括对对方的情感感受同时也包括自己的真实情感体验，这两种都要有发自内心的真情实感，这样说出的赞美才不会让人觉得有太多虚假和牵强的成分。带有情感体验的赞美既是人际交往中互动关系的体验，又能让自己内心的美好感受得以表达，还可以让对方也感受到你对他真诚的关怀！

2. 赞美时用词一定要得当。学会多注意观察对方的状态是很重要的一个过程，如果对方恰逢情绪特别消沉低落的时候，或者有其他不顺心纠结的事情，这时候过分的赞美往往使对方也觉得不那么的真切，因此我们在赞美时一定要注重对方直接的感受。

3. "凭你自己的感觉"是一个不得不说的好方法，每个人都有自己所独有的那份敏锐的直觉，相信用自己的直觉我们能够更深地体谅到别人的感受。所以请相信自己的直觉，再把它恰当地运用在赞美中。

　　办公室里同事间保持怎样的距离，是每个人都要慎重对待和考虑的问题。有些人以为，只要一味地跟同事关系密切就是最好的方法，这样做那就大错特错了。因为同事之间并不都是单纯的友谊，还有竞争。和同事勾心斗角是一件危险的事，但和同事亲密无间则是一件愚蠢的事。最好的办法是友好相处，但要有所保留。

　　同事又有性别之分，对于同性别的同事和异性别的同事，还要区别对待，不能一视同仁。下面我们将重点分析一下，如何正确处理与这两种同事之间的关系：

　　一、同性同事，寻找共同话题

　　所有一起工作的同事都应友好相处，特别在和同性的交往中则更应如此。因为我们每个人都一样，来公司上班均是为了生存和自身的发展，大家经常同在一个屋檐下生活，为了一个共同的目标而努力拼搏，同样感受着工作和生活带来的压力，工作中我们都需要支持配合和帮助。如果我们可以以一颗同情心来看待同伴的话，关系其实将很容易就能得到处理。因为是同性，有很多感受和对事物的看法都是相同或相似的，试着可以多去找一些大家对生活或工作均有兴趣的话题，不啻是一个表示友好的方式。

　　当然，同性同事中，对"话不投机"的伙伴则更多地要采取"工作伙伴"的态度来对待。对于这些不能分享更多工作经验和兴趣的人可以少交往一点，完全没必要把所有人都当做是可以发展成朋友的"潜在因子"来交往对待。

　　看见有同事去主管上司那打小报告，也不必为此而大惊小怪和猜疑。若他这样做只是为满足其个人利益，这样的事则可以完全不去理会，只当做他对事件和工作"处理不当"，他这样做只会对他个人将来的品格发展毫无益处，我们学会这样来评判就可以欣然面对了。说白了，我们每个人都不会在同一家公司干一辈子，你我均是匆匆过客而已。注意那些你必须值得你注意的事，学习值得你学习的东西就够了。

二、异性同事，拒绝亲密接触

与同性同事相比，在与异性同事间就要更谨慎点，因为本来就隔着性别的差别，在加上经常在一起工作而办公室里那些流言飞语又甚多，所以更应注意与异性同事间的恰当距离。

在与异性的工作交往中，一个很重要的原则就是态度，在态度上应该采取落落大方、不轻浮不做作。这其中主要包括行为上和言语上两方面。应该多以尊重对方肯定对方的工作伙伴的关系来处理办公室中的一些必要的事务，这样将会使某些复杂的事物变得简单一些。

在与异性同事的交往中，千万勿将彼此的关系处理得太过亲密，更不要处理成类似"恋爱关系"所期望的那种结果，最好不要与某个异性发展成比其他异性更为亲密的关系。至于下班以后的朋友交往就应该是另外一回事，但在办公室内切忌亲密接触。

有所谓物以类聚，人以群分。一起工作的异性同事，很容易成为朋友，也就会有更多的共同语言、难免会互生出好感的，如果你确实不想将这种真诚的友情关系发展为恋情，你就应当将感情仅仅投入限制在友谊的范围内。即使有很深的好感，也不应在办公室表露出来。如果对方把对异性的那份好感升华成所谓的爱意，自己也应明智干脆地将其化解，千万不要让对方觉得你给以默许和鼓励。

与异性同事友好共处

办公室里的女同事可以是一道靓丽的风景，也有可能是一个危险的陷阱。尤其对于年轻气盛的小伙子来说，女同事更是一道难过的坎。如果你不想与女同事发生点什么故事，只是想把工作做到位、把人际关系处理好，不妨遵从以下原则，与女同事和平共处。

一、工作不分性别

无论我们从事的是什么工作，都不应该将性别摆在第一位。我们都清楚能真正体现一个人的价值的决定因素是工作做得好坏。与其过分、过多地强调区分性别，还不如换个角度，强调让她学会并提高某项专门技艺，这不是更有助于她赢得尊敬吗？

二、不准她撒娇

在一些女同事中还存在这样一种现象——她们经常有"因为我是女性"等这样的撒娇意识，这种意识最好不要带到工作场合中，尤其是在做一些私事的时候经常会说出这样的话，像"把东西给我拿来"、"送我回家"……这种情况应该尽量避免。因为公司里的男性毕竟只是同事，彼此间都存在一些工作上的利益问题，因此不要过分地依赖和寻求别人的帮助，尤其是异性。在她提出"这个我不会"、"你帮我做一下"之类的话时，不妨告诉她让她多增强自己的责任心，提高自己独立工作的能力，这样同事才会更加尊重她。

三、尊重她、重视她

许多人都持有这样一种看法："女性迟早是要结婚生孩子的，不如在办公室里就这样凑合着干吧。"其实这样看问题是完全不对的。随着时代的发展，当今许多人早已将这种看法和心态改变了，尤其是生活在都市中的人，所以对于女职员来说，她会非常反感和厌恶这种观点，因此在这一点上你要学会尊重女性。

四、爱发牢骚就给她戴高帽

很多时候一些女性职员在面临这样或那样的一些情况时，常常会抱有怨言，难免会对此发一些牢骚，比如常常会不客气地说"我最讨厌加班"、"这样的工作干不了，实在干不下去了"等等，这些都是对自己的言行不负责任的表现。当我们面对她们的这些做法时，不妨用戴高帽的方式给她们以赞美与肯定。你可以告诉她"不，要是你认真点，肯定能干好"、"你一定要帮这个忙，有你工作会更快更好的完成。"让她听到这样带些奉承的话，或许她真的会将工作做得更好哦！

五、训斥她要注意方式

有些女同事稍加责备，就会生气将嘴撅得老高，并且有时候会认真地开始言语相向。对很多男人而言最棘手的事情，往往就是女人生气委屈时这种歇斯底里的反击。女性嘛本来就比男性容易计较，常常好感情用事，所以在必须责备她们的时候一定要谨慎，主要应该做到以下几个方面：第一，不在他人面前直接责备；第二，不把她们与其他人比较；第三，批评她们时最好不要有其他人在场，要冷静地告诉她"希望你以后注意这一点"。相信这样会使她们更好地认识到自己的不足，给她们一定的尊重，也会让她们免去一些难堪。

六、对她们要一视同仁

在工作中对刚刚参加工作、资历较浅的年轻女生要施以同情，或者在看到那些漂亮的女人时会不知不觉地庇护起来给予更多的关注帮助，这些往往是一些男子做出的事情。也许你做这些时只是你自然而然的表现，但是其他女性对这种事情想法就不一样了，他们会对这样的事情非常敏感，私下里会传言："×× 先生，喜欢那个女孩子，爱上她了。"如果你不想给那些爱煽风点火者造谣的机会，你就应对办公室里所有的女性一视同仁、平等对待。当然了，如果确有自己喜欢的女性，最好的办法还是下班以后到外面去约会。

七、对待年长的她要礼貌

在办公室里年轻的男性职员怎样与年长的女性职员相处，可能也是一件非常纠结的事。如果在工作上男性先做出了显著的成绩，一定要注意自己在对她们的态度上要做到朴实、真诚，千万不能像骄傲的孔雀一样乐于炫耀。如果这样的话，对方就会对你产生一种反感。另外在与比自己年长的女性同事相处交流时，要尽量避开有关年龄、婚姻以及可能涉及到他们个人私事的话题，那样是对她们的极度不礼貌。

八、要留意你和她的绯闻

如果在某段时间公司里盛传你与某位女同事交往甚密，面对这样的情况你将如何对待？其实这个时候我们要做的最好就是置之不理，正是"风从平地起，我独依高台"。

无论是在工作中还是在生活中，男女关系事实上一直都是很敏感的。处理不好就会给自己及对方带来不必要的麻烦，如果某位男同事被别人认为和某位女同事之间走得过于亲近，往往其他的女同事就会很自然地疏远他。但是，事实究竟又是怎样呢？这些只有当事人才知道。而周围却存在太多喜欢捕风捉影的人，只要有一点风吹草动被他们察觉就会四处宣扬传播。

这类事情的发生，传播的言语大都是往坏处想的，在无意中也多少含有一些对当事人的恶意。对周围的人而言，也许更乐于听到别人这样的流言蜚语，或许还有一些人对此是又妒又羡吧。这个时候作为当事人，如果因为这种事而觉得很难为情、很尴尬，而拼命地急着向别人解释和说明那就更加麻烦了，这样做反而会使别人对传言的兴趣越发高涨，使本来可以很容易被解决，并很快就可以过去的整件事愈描愈黑，对传言的消除更加不利。当然也不排除有那么一些当事人很喜欢这一类绯闻的出现与不断地传播，自己也会不时地出面对此添油加醋说得天花乱坠，这样反而会让一些人因为些许的羡慕和嫉妒更加记恨，愈发恶意中伤。这样一来，事情就会变得更加难以澄清和解决。

当我们面对这样的事时，最好还是从头到尾都不要去对别人的传言给予理会。过段时间对方看你没有反应，自然也就觉得无聊没趣了，就不会把这件事一再地传下去。其实有时候别人仅仅只是猜测一下而已，如果你对整个事情一发表意见，反而会给对方提供更多传播的话题。

在办公室里，白领女性如何与男同事更好的配合工作与交往，无疑是白领女性需要学习的一门学问。那么，到底怎样才能让两者更好地相处呢？

一、收集公事情报

办公室里白领女性和男同事共事时，要仔细聆听他们的谈话和建议，以便从中获取对自己工作上有价值的情报，从而得到有益的启迪，使自己的工作有一个进步。

二、积极沟通感情

白领女性在下班或周末时也可以主动约男同事或主管外出喝茶，交换彼此对工作的意见，但一定要言之有物，这样才可达到互相沟通的目的，要避免那些无所谓的闲聊。

三、拥有助人精神

下班时间到了，别人都在匆匆忙忙地收拾东西准备离开，这时，你最好不要像别人一样急着说再见，要看看还有没有忙于工作的同事，并想方设法地帮助他更快地完成。这样无形中就可以在工作中建立情谊，也改善了人际关系。

四、不要惹人生气

人在很多时候一忙就会闹情绪，变得急躁，搞得事事不耐烦。因此，尤其是白领女性务必要注意这一点，即使你的工作再忙，也要注意和同事们的说话态度，千万不要让同事们因为误解而产生敌意，或者认为"女人爱闹别扭"。

五、降低说笑音调

很多女性说笑时的尖锐声和娇滴滴的语气，也会让许多经常相处的男同事产生反感。因此，白领女性应时常对照自己，看自己是否也存在这样可能会引起别人不悦的地方，努力自审，做到"有则改之，无则加勉"。

六、展现女性魅力

女人爱美及娇柔是与生俱来的，白领女性除了在工作上应让男同事和主管看见你理性、坚强的一面外，也要适时地展现出自己作为女性该有的温柔的一面，比如你可以偶尔带鲜花到办公室，插在人们进门或工作间隙别人容易看见的地方，这样也可给人留下美好的印象。

计划越细，
效率越高

　　要想晋升，从一开始就应该有一个明确的目标。你要得到一个什么样的职位，什么时候实现，怎样去实现这个目标……所有这些问题都应该心中有数。只有这样，你才能一步一步地朝着自己心中的理想迈进。反之，如果把握不好目标，你也只不过是个无头的苍蝇，就算再怎么努力，也无法登上晋升的阶梯。

不思进取
易被淘汰

在工作中，我们常常陷入固步自封的牢笼，每天不思进取、得过且过。也许我们还有追求，但是由于各种各样的原因，浇灭了曾经的雄心壮志。这时候，我们只有尽快从这种状态中走出来，重新获得自驱力，才能获得更加广阔的天地。

否则，固步自封的员工最终会在这一场为生命进行的"奔跑"中淘汰。他们沉迷于过去的辉煌，不会为自己的工作注入热情和力量，不会对企业、对工作保持高度的忠诚和热爱，最终这些没有自驱力的员工也会被更优秀的员工所淘汰。

朋友蒋在一家国有企业工作，混了 10 年，终于爬到了销售经理的位置。

这个职位炙手可热，当然，蒋为此付出了很多。这家工厂生产的产品是生活用品，似乎注定了蒋在这家工厂中举足轻重的地位。

我知道，蒋以前接到总经理的电话，会马上起身赶往公司。而现在，他可以一边和我们聊天，一边和总经理聊天："老总啊，我现在很忙，正在和客户谈话。"

我们可以看到，蒋已经把自己关在了固步自封的牢笼里了。他的自驱力完全丧失，所以，他以后的遭遇也就不足为怪了。

企业改制的时候，蒋有望再进步一次，升为主管销售的副总经理的。不知哪个关节出了问题，蒋仍然当他的销售经理。而一个车间主任"一步登天"成了他的顶头上司。

他的愤懑是可以想象的。到处放出话来，自己将不干了。最后董事长找他谈话，让他安心工作，董事会会考虑他的。但时间过去多日，董事会没有带来任何好消息，他原有的许多权益反而被取消了。

一怒之下，蒋辞职了。之前，他告诉我，公司会挽留的，因为他们再也找不到一个合适的销售经理了。但现实却是，蒋在提出辞职的时候，董事长并没有多大惊讶，只是要他仔细考虑一下。蒋说已经考虑好了。董事长说下午给他答复。过了三个小时，董事长打电话给蒋，说："请办好离职手续。"

蒋就这样离开了。他想看公司产品销售不出去的笑话，但事实又一次彻底回击了他。公司产品仍然源源不断地发往外地，他的离去没有给公司造成任何影响。他企图拉拢他的那些商人朋友，却没有一个人理睬他。因为他们是商人，他们以利润作为自己的终极目标。

蒋最终没能走出固步自封的牢笼，所以，他虽然爬到了很高的位置，还是落得一个失败的结局。而那些具有自驱力的员工，就算他们开始的位置很低，通过不断地努力，也最终会"一步登天"，取得巨大的成功。

在竞争激烈的职场中，有两种人终究会败下阵来，一种是除非别人要他做，否则绝不主动做事的人；另一种人则是即使别人要他做，也做不好事情的人。"

因此，在属于你的职场中，你必须勤学苦练，不断地壮大你的核心竞争实力。这样，不论你遇到何等的高手，你都会显得身手不凡的。如果你是在一个高手云集的公司工作，可能面临的最大问题就是你如何比他们更抢手，更能得到上司的重用！

固步自封的人，最终的结果只有一个，那就是被残酷的竞争所淘汰。无论你过去如何辉煌，那也仅仅是属于过去，只有把握住未来，才是你应该做的。作为职场中人，应该具有一种积极进取的精神，并不断提高自己的职业修养。这样做，不但是对你所效劳的公司负责，更是对你自己负责。同时，一个不断进取的人，他失业的概率也是最低的。

让目标打开你的大世界之门

京城里，有一匹马和一头驴子是好朋友，马在外面拉东西，驴子在屋里拉磨。后来，这匹马被一位将去战场的将军选中。

马跟随将军一起转战各地，帮助将军取得赫赫战功，立下汗马功劳。三年后，这匹战马驮着将军回到了京城，它重新见到了好朋友驴子。

马谈起这次远征的经历：一望无际的草原，风沙漫舞的沙漠，千年不化的冰雪……那些神话般的境界，使驴子听了甚为惊异。

驴子叹道："你有这么丰富的见闻啊！这么遥远的道路，我连想都要不敢想。"

马笑了笑说："其实，我们所走过的路程大致是相等的。当我和将军转战各地的时候，你一步也没有停止。不同的是，我和将军有一个远大的目标，即消灭所有的敌人，所以我们打开了一个广阔的世界。而你却被蒙住了眼睛，一生就围绕着磨盘打转，因此永远也走不出这块狭隘的天地。"

我们每一个人都在为不同的目标而努力，当你在为某个老板或企业服务时，确定一个正确的奋斗目标是你走向成功的关键一步。因此，我们要想从众多的普通员工中脱颖而出，要做的第一件事就是让自己的奋斗目标具体化，并列出详实的工作计划来。

确定自己的目标，即使作为一名普通员工，也不能浑浑噩噩地过日子。任何一个老板都会喜欢积极进取的员工，而进取总是以目标为动力的。根据企业实际为自己量身确定一个目标，你的工作会变得更加有意义，在老板眼里，你也会成为一个"才堪大用"的人。

是的，工作目标很重要，但它还有一个前提，就是必须要确定这个目标是正确的。选择正确的目标十分重要，正确的目标能推动我们快速地走向成功，不正确的目标，如果固执地去坚持，会导致南辕北辙，离我们的目的地越来越远。所以，一个没有成功希望的目标，坚持是毫无益处的。诺贝尔奖得主莱纳斯·波林说："一个好的研究者知道应该发挥哪些构想，而哪些构想应该放弃，否则，会浪费很多时间在差劲的构想上。"

对于我们不值得做的，千万别做，大多数人当走过了职业生涯一大段路程以后，才开始问自己，这件事能成功吗？其实，无论目标是否正确，我们一旦开始就要花费很多时间才能完成。我们的时间是十分有限的，在有限的时间里，应及时确立目标，反省目标，对于错误的选择应及时纠正，审慎地做出正确的判断，选择正确的方向，寻找成功的机会。

比如你的性格和专业更适合做一个行政人员，可你看到销售人员天南地北、风光无限，收入也比自己目前的工作高一大截，便把做一名出色的业务员当作自己下一步的职业目标，其结果往往难遂人愿。

总之，正确的目标是一个人能够出类拔萃的前提。当你感觉自己的工作漫无目标、循环不已、空泛无味时，效率会大为降低。"戴着眼罩做事"是做不好事情的。

对于一个不甘于平凡的普通员工来说，目标的重要性无论怎样强调都不过分。有了目标，哪怕你只是一名清洁工、办事员，你也会充满朝气，因为你知道，这只不过是走向自己目标的一个阶梯而已。可以说，优秀员工与一般员工的最根本区别就在于有无目标。

没有目标，工作会变成牢狱。人的精神一旦磨损到一定程度，人就成了机器或机器人，甚至只是大机器上的一个小齿轮。

没有目标，一切的辛苦都得不到回报。整天忙忙碌碌却什么事也没做好；承担压力但毫无成果；问题丛生而无从解决；认识的人很多但均无深交；有多种计划在进行但成效不彰；希望尽速达到目的却始终在原地打转。工作和生活都失去意义，所有的努力都属徒劳。

当你研究那些出类拔萃的人物时，你会发现，他们每一个人都各有一套明确的目标，都已订出达到目标的计划，并且花费最大的心思和付出最大的努力来实现他们的目标。

美国《成功》杂志的创办人奥里森·马登说："人人都应具有明确的目标，它就像一枚指南针，对指引人们走上光明之路。"成功之道由自己的积极思维开始。有了正确的积极的心态，你就能看到周围的一切存在着无限的可能性与机会。渐渐地，你不但能获得使自己在日常工作中更能干的远见，而且最终会有更加具体的、适合各个方面的人生理想——目标。要取得成功，就必须制定目标。

如果谁以为只有特殊重要人物才会拥有目标，那他就永远都无法逃离凡夫俗子的命运。找到了目标，就好比是找到了开发自我潜能的工具，这是开发生命"矿脉"的关键。不论付出多少，只要能发挥自己的潜力，就让人体会到生命的意义和价值。

目标是对于所期望成就事业的真正决心，目标比幻想更贴近现实。没有目标，不可能发生任何事情，也不可能采取任何步骤。如果个人没有目标，就只能在人生的旅途上徘徊，永远到不了任何地方。

如果你目前还只是一个普通的员工，身处一个普通的岗位，正在从事一项普通的工作，不要紧，确定一个可以为之奋斗的目标，你的职业生涯就充满希望。

让行动跟上
你的目标

很多人眼高手低，只说大话，不干实事，那实在是非常危险的。

"等我毕业了，一定要去大城市，进大公司。而且，一般的职位我是不会干的。"在大学里，阿成总是在同学面前这样说。

可真正毕业时，同学们大都找到了合适自己的工作，阿成仍然是高不成低不就。最后总算进了一家中型公司，他还一副怀才不遇的样子。

又过了许多年，不少同学都打拼出了自己的一摊事业，而阿成还在失业的边缘徘徊。工作换了许多次，可他从来没有塌塌实实地做好一件事。

但凡事业上一败涂地的人，都有几种因素在制约着他们的发展。首先，他们对未来有不切实际的期望，而在实施过程又缺乏做好小目标的好习惯。

柯尔律治是一个才华横溢的年轻人，但是他意志薄弱，缺乏勤勉地从小处出发习惯。他只是一味地沉溺于精神的幻想，这种幻想消耗了他的精力。

尽管他时时有新主意、新目标，但他从未持续地完成过一件事。他的生活是漂泊不定的，就像秋风中的落叶一样，随风飘零，任意东西。

"柯尔律治死了。"英国散文家查尔斯·兰姆写信给一位朋友说，"据说，他身后留下了4万多篇有关形而上学和神学的论文——但是其中没有一篇是写完了的"。

人生需要志存高远，但眼高手低却非常致命，必须想办法避免。要想把事情做好，把目标实现，还得要从小事上做起，所有的重大成就都是小成就累积而成的。一旦认清自己的目标，你就要脚踏实地地从小目标上做起，一点一滴地从小事情上开始，追求在自己领域里的卓越成就。

一个人如果全身心地追求某一目标，很少有不成功的。伟人之所以成其为伟人，成功者之所以能超越众生脱颖而出，就在于他们一旦认准目标，就能够坚定不移地朝这个目标努力。并且，在努力的过程中，从不忽视小事，总能够为了目标全力以赴，矢志不移。他们的成就与其精力的集中程度往往是成正比的。

英国油画家贺加斯会将他的视线和注意力一直集中在某一张脸上，直到这张脸如照片般留存在他的脑海中，他可以随时随地将其复制出来为止。他在研究和观察任何物体时都做到了一丝不苟、谨慎细致，仿佛他永远都没有机会再看到它们一样。这种仔细观察的习惯使得他的研究工作充满了令人叹为观止的细节描述。

在他所生活的时代，几乎所有重要的艺术流派都受到了他的著作的影响。他既没有受过高深的教育，也不是那种天资卓越、才华四射的天才人物，他的成功在很大程度上归功于他那勤勤恳恳、埋头苦干的精神和细致入微的观察能力。

有人曾经这样说过：即使是最弱小的生命，一旦把全部精力集中到某一具体的目标上，也会有所成就。而最强大的生命如果把精力分散开来，最后也将一无所成。水珠不断地滴下来，可以把最坚固的岩石滴穿；湍急的河流一路滔滔地流淌过去，身后却没有什么痕迹。

很多人都会说："我有目标啊！但是我还是失败。"其实，他们失败的主要原因是订完目标不会订计划。所谓计划，就是想到要做什么，你马上用随身带的小纸条先把它写下来。回家没有时间整理，没有关系，马上从口袋掏出来，把它贴在墙壁上，就这么简单。

这里面还包含很深的学问，这很深的学问，中国人叫做"谋定而后动"。谋定就是说你要考虑，你现在想要追求一个什么样的目标，目前遭遇的困难在哪里？对这些困难马上要去想，你用什么方法，能够去克服这些困难？

有条不紊和细心认真是实干家必备的素质，超乎寻常的敬业精神是成功的可靠保障。只有踏踏实实做人，实实在在办事，才会给人留下一个实在的形象，给自己的成功增添一份坚实的基础。相反，那些只会空谈却从不付诸实践的人，永远是与成功无缘，只想不做的人只能生产思想垃圾。

从前，有一位满脑子都是智慧的教授与一位文盲相邻而居。尽管两人地位悬殊，知识水平、性格有天壤之别，可两人有一个共同的目标：如何尽快富裕起来。每天，教授翘着二郎腿大谈特谈他的致富经，文盲在旁虔诚地听着，他非常钦佩教授的学识与智慧，并且开始依着教授的致富设想去实现。

若干年后，文盲成了一位百万富翁，而教授还在空谈他的致富理论。

总之，成功是一把梯子，双手插在口袋里的人是爬不上去的。因为思想固然重要，但行动往往更重要。我们的本性是主动行动而不是消极等待。这一本性不仅能使我们选择对某种特定环境的反应，而且能使我们创造环境。

计划越细，效率越高

为了实现目标，必须制订一套详细可行的工作计划。

制定计划是实现目标的最伟大的助手和参谋。否则，如果什么事都没有制定一个完整而精密的计划，对出现的意外情况将无法应对，必然形成一种"狗咬刺猬"的场景。所做的事情不但会半途而废，而且会浪费大量的时间和精力。

可见，迅速行动固然重要，但在此基础上制定一些计划也同样重要。有了计划才能处变不惊，也可以使我们不因事物的变化而白白浪费时间。

对一名员工来说，制订计划的周期可定为一个月，但应将工作计划分解为周计划与日计划。每个工作日结束的前半个小时，先盘点一下当天计划的完成情况，并整理一下第二天计划内容的工作思路与方法。

聪明的员工会尽力完成当天的工作，因为当天完不成的工作将不得不延迟到下一天完成。这样必将影响下一天乃至当月的整个工作计划，从而陷入明日复明日的被动局面。

在制订日计划的时候，必须考虑计划的弹性。我们在制订计划的时候，不能将计划制订在能力所能达到的100%，而应该制订在能力所能达到的80%。这是因为我们每天都会遇到一些意想不到的情况，以及上级交办的临时任务。如果你每天的计划都是100%，那么，在你完成临时任务时，就必然会挤占你已制订好的工作计划，原计划就不得不拖期了。一旦计划无法完成，也就失去了计划本身的意义，久而久之，你的计划也就失去了严肃性。

好的工作计划地还应该将工作分类。分类时主要遵循轻重缓急原则，当然还要考虑时间因素。很多员工会忽略时间的要求，只看重任务的重要性，这样理解是片面的。

一位著名的商界精英，工作效率奇高，他是怎样做到这一点的呢？

原来，在每天上班做的第一件事，就是把当天的工作分为三类：

第一类是所有能够带来新生意、增加营业额的工作；第二类是为了维持现有状态，或使现有状态能够持续下去的一切工作；第三类包括必须去做、但对企业利润没有任何价值的一切工作。

他是怎么对待这三类工作的呢？那就是，在完成第一类工作之前，他决不会开始第二类工作；在完成第二类工作之前，他也决不会着手进行第三类工作。

此外，他还要求自己："你必须坚持养成一种习惯：任何一件事都必须在规定好的几分钟、一天或一星期内完成，每件事都必须有个期限。如果坚持这么做，你就会努力赶上期限，而不是无休止地拖下去。"

这位商界精英的工作计划中，很重要的一点就是，在规定的时间内完成工作。我们要时刻关注时间与质量，并尽可能提前完成工作。

因为，任何事情都难免出现意外。当应该提交的任务与临时的事项冲突时，就陷入了鱼与熊掌不可兼得的被动状态，这与计划的弹性原则是同一个道理。

一个能每次按期完成工作任务的员工，即使不加班加点，即使并不显得忙碌，也会让主管觉得你是一个让人放心的人，而不是天天追问你工作的进度如何了。

世事如棋，变幻莫测；人生如棋，变幻无常。计划是应对变化的，棋观三步，人生又岂可不多备后手？拥有计划，就不至于浪费时间，也可以随机应变。如果你计划中已经考虑到一切可能出现的问题，并且拟定好应对措施，肯定能处变不惊，应对自如。

对待目标，
应坚持与放弃皆具

一个人的精力是有限的，把精力分散在好几件事情上，不是明智的选择。在这里，我们提出"一个目标原则"，即专心地做好一件事，就能有所收益，能突破工作困境。这样做的好处是不至于因为一下子想做太多的事，反而一件事都做不好，结果两手空空。

做事有了明确的目标，还要把全部的注意力集中在一个目标上，直到你这个目标实现为止。也许，一些不同领域成功人士的经历对普通员工如何实现自己的目标会有一些有益的启示：李斯特在听过一次演说后，内心充满了成为一名伟大律师的欲望，他把一切心力专注于这项目标，结果成为美国最出色的律师之一。

伊斯特曼致力于生产柯达相机，这为他赚进了数不清的金钱，也为全球数百万人带来无比的乐趣。

海伦·凯勒专注于学习说话，因此，尽管她又聋、又哑，而且又瞎，但她还是实现了她的这个目标。

可以看出，所有出类拔萃的人物，都把某一个明确而特殊的目标当作他们努力的主要推动力。你不是不甘平凡吗？只要你的需求合乎理性，并且十分热烈，那么，"专心"这种力量将会帮助你得到它。

把精力放在一个目标上，全身心地投入并积极地希望它成功，这样你的心里就不会感到筋疲力尽。不要让你的思维转到别的事情、别的需要或别的想法上去，专心于你已经决定去做的那个重要项目，放弃其他所有的事。

把你需要做的事想象成是一大排抽屉中的一个小抽屉。你的工作只是一次拉开一个抽屉，令人满意地完成抽屉内的工作，然后将抽屉推回去。不要总想着所有的抽屉，而要将精力集中于你已经打开的那个抽屉。

在激烈的职场竞争中，如果你能向一个目标集中注意力，便会很快做出成绩，脱颖而出的机会将大大增加。

我们在职业生涯中也是这样，对于自己的目标，应把握好坚持与放弃的分寸。确立目标时应审慎分析，充分考虑。认为目标切实可行，具备成功的可能性，就矢志不渝地瞄准这一个目标去坚持，并且不论遇到多大困难都要义无反顾、坚持到底，必定能成功；另外，意识到目标不正确，应及时调整，使目标更有意义，更切实际，更有可能实现。

制定短期计划和长期计划

让我们先来看一个真实的故事：

1984 年，在东京国际马拉松邀请赛中，名不见经传的日本选手山田本一出人意外地夺得了世界冠军。当记者问他凭什么取得如此惊人的成绩时，他说了这么一句话：凭智慧战胜对手。

当时许多人都认为这个偶然跑到前面的矮个子选手是在故弄玄虚。马拉松赛是体力和耐力的运动，只要身体素质好又有耐性就有望夺冠，爆发力和速度都还在其次，说用智慧取胜确实有点勉强。

两年后，意大利国际马拉松邀请赛在意大利北部城市米兰举行，山田本一代表日本参加比赛。这一次，他又获得了世界冠军。记者又请他谈经验。山田本一性情木讷，不善言谈，回答的仍是上次那句话：用智慧战胜对手。这回记者在报纸上没再挖苦他，但对他所谓的智慧迷惑不解。

10 年后，这个谜终于被解开了，他在他的自传中是这么说的：每次比赛之前，我都要乘车把比赛的线路仔细地看一遍，并把沿途比较醒目的标志画下来，比如第一个标志是银行；第二个标志是一棵大树；第三个标志是一座红房子……这样一直画到赛程的终点。比赛开始后，我就以百米的速度奋力地向第一个目标冲去，等到达第一个目标后，我又以同样的速度向第二个目标冲去。40 多公里的赛程，就被我分解成这么几个小目标轻松地跑完了。起初，我并不懂这样的道理，我把我的目标定在 40 多公里外终点线上的那面旗帜上，结果我跑到十几公里时就疲惫不堪了，我被前面那段遥远的路程给吓倒了。

在山田本一的自传中，发现这段话的时候，我正在读法国作家普鲁斯特的《追忆似水流年》，这部作者花了 16 年写成的 7 卷本巨著，有很多次让我望而却步，要不是山田本一给我的启示，这部书可能还会像一座山一样横在我的眼前，现在它已被我踏平了。

我曾想，在现实中，我们做事之所以会半途而废，这其中的原因，往往不是因为难度较大，而是觉得成功离我们较远，确切地说，我们不是因为失败而放弃，而是因为倦怠而失败。在人生的旅途中，我们稍微具有一点山田本一的智慧，一生中也许会少许多懊悔和惋惜。

在奔跑的过程中，我们经常会有这样的体会：如果你的目的地太遥远，就很容易丧失自信，感到自己很难到达。的确，在现实生活中，有许多目标看起来一时难以实现，但你可以把它们分成若干可以实现的小目标，然后集中精力想办法逐一地实现这些小目标。当这些小目标全部实现时，你的大目标也就实现了。

假如你有写作的天赋，现在让你在一个月内写出一部百万字的长篇小说，你肯定做不到。但是，如果你每天写 1000 字，坚持 3 年，你就可以完成一部百万巨篇。

辉煌的人生不会一蹴而就，它是由一个个并不起眼的小目标实现堆砌起来的。让我们把目标化整为零，用一个个小的胜利赢得最后的大胜利吧。

有时某些人看似一夜成名，但是如果你仔细看看他们的历史，就知道他们的成功并不是偶然得来的，他们早已投入无数心血，打好坚固的基础了。那些暴起暴落的人物，声名来得快，去得也快。他们的成功往往只是昙花一现而已。他们并没有深厚的根基与雄厚的实力。

富丽堂皇的建筑物都是由一块块独立的石块砌成的。石块本身并不美观，拯救自己的生活也是如此。我们无法一下子拯救自己，只能一步步改变自己、拯救自己。

不要只是为了工作而去工作

有一位哲学家到一个建筑工地，他分别问三个正在砌砖的工人说："你们在干什么？"

第一个工人头也不抬地说："我在砌砖。"

第二个工人抬了抬头说："我正在赚工资。"

第三个工人热情洋溢，满怀憧憬地说："我在建一座美丽的剧院！"

听完回答，哲学家马上就判断出这三个人的未来：第一个人心中眼中只有砖，他是为了工作而工作，可以肯定，他一辈子能把砖砌好，就很不错了；第二个人眼中只有工资，他是为了赚钱而工作，好好干或许能当一位优秀的工匠或技术员；惟有第三位，必有大出息，因为他有目标，他的心中有一座殿堂。想追求更大的成就。

果不其然，前两个工人做了一辈子普普通通的砌砖工人，而第三个却成了一名颇具实力的建筑师，承建了许多美丽的剧院。

作为职场中的一员，我们不能只为工作而工作，那样只会让我们在日复一日的劳动中消耗掉自己的激情，从而变得庸庸碌碌。正确的做法是，把目光放长远些，知道自己工作的意义和责任，并永远保持一种积极主动的工作态度，为自己的行为负责。

你的眼光是否长远，这是一名优秀员工和那些凡事得过且过的员工最根本区别。明白了这个道理，并重新审视我们的工作，工作就不再成为一种负担，即使是最平凡的工作也会变得意义非凡。在各种各样的工作中，当我们发现那些需要做的事情——哪怕并不是分内的事的时候，也就意味着我们发现了超越他人的机会。因为在积极主动地工作背后，需要你付出的是比别人多得多的智慧、热情、责任、想象和创造力。

而作为一名普通员工，当你给自己确定好了目标之后，目标就在两个方面起作用：它是努力的依据，也是对人的鞭策。目标给人一个看得着的射击靶，随着人们努力去实现这些目标，就会产生成就感。对许多人来说，制定和实现目标就像一场比赛，随着时间推移，你实现一个又一个目标的同时，人的思想方式和工作方式又会渐渐改变，你又需要一个新的目标。

另外，目标必须切合自己的实际，又要具体、明确。比如工作进度的目标、工作质量的目标，甚至某一时期内的升职目标。一个进取型的老板是喜欢有野心、有挑战精神的部属的。这样每实现一个目标，你就把自己向前推进了一步，同时增加了自己实现更大目标的信心。

所以必须强调，目标应该是具体的，是可以看见的。如果计划不具体，无法衡量是否实现了，那将会降低人的积极性。如果无法知道自己向目标前进了多少，就会使人泄气，甩手不干了，要想脱颖而出就难了。

有一个真实的例子，说明一个人若看不到自己的目标，就会有怎样的结果。

1952 年 7 月 4 日清晨，加利福尼亚海岸笼罩在浓雾中。在海岸以西 21 英里的卡塔林纳岛上，一个 34 岁的女人涉水下到太平洋中，开始向加州海岸游过去。要是成功了，她就从所有的女性中脱颖而出，成为第一个游过这个卡塔林纳海峡的妇女，这名妇女叫费罗伦丝·查德威克。

那天早晨，海水冻得她身体发麻，雾很大，她连护送她的船都几乎看不到。时间一个钟头一个钟头过去，成千上万人在电视上看着她。她仍然在游。有几次，鲨鱼靠近了她，被人开枪吓跑。在以往这类渡海游泳中她的最大问题不是疲劳，而是刺骨的海水。

15 个钟头之后，她很累，又冻得发麻。她知道自己不能再游了，就叫人拉她上船。她的母亲和教练在另一条船上，他们都告诉她海岸很近了，叫她不要放弃但她朝加州海岸望去，除了浓雾什么也看不到。

几十分钟之后——从她出发算起15个小时零55分钟之后，人们把她拉上了船。又过了几个小时，她渐渐觉得暖和多了，这时却开始感到失败的打击，她不假思索地对记者说："说实在的，我不是为自己找借口，如果当时我看见陆地，我相信我能坚持下来。"

人们拉她上船的地点，离加州海岸只有半英里！后来她说，令她半途而废的不是疲劳，也不是寒冷，而是因为她在浓雾中看不到目标。两个月之后，她成功地游过同一个海峡。她不但是第一位游过卡塔林纳海峡的女性，而且比男子的纪录还快了大约两个小时。

通过上面这个例子，我们可以看出要想成功就必须确立一个明确、合理的目标。

实力越强，
机会越多

是人才到哪里都会得到重用，能力才是你晋升的保障。一个没有能力的庸碌之人，就算侥幸获得晋升也不会长久，必然会被别人替代。因此，为了获取晋升，你必须把自己打造成一个能力卓绝的人才，让老板同事都对你刮目相看。当你的才华尽情挥洒，得到所有人的认可时，晋升也就顺其自然了。

能力 说明一切

现代职场,要想成功晋升,就不要做华而不实的孔雀,而要做实力派的啄木鸟。

因为职场是靠实力说话的地方,在这里,做出业绩才是硬道理。因为出众的工作业绩更能证明你的能力,体现你的价值。

事实表明,既能跟老板同舟共济,又业绩斐然的员工,是最能得老板欢心的员工。如果你在工作的每一阶段,总能找出更有效率、更经济的办事方法,那么你不仅能提升自己在老板心目中的地位,而且你还将有更多机会被提拔,会被实际而长远地委以重任。因为出色的业绩,已使你变成一位不可取代的重要人物。如果你仅仅忠诚,总无业绩可言,尽忠一辈子也不会有什么起色,老板不可能重用你,因为把重要而难办的事交给你他不放心。更进一步讲,受利润的驱使,再有耐心的老板,也绝难容忍一个长期无业绩的员工。届时,即使你忠贞不贰,永不变心,老板也会变心,甘愿舍弃有忠诚无业绩的你,留下业绩突出的员工。

下面故事中,两个女孩的不同遭遇就很好地说明了这一点。

有两个女孩均受雇于某公司,给老板当助手,替他拆阅分拣信件。两个女孩都对公司忠心耿耿,但两个人的结局却大相径庭。其中一个女孩子工作不到两个月就被解雇了,而另一个女孩子则不仅被加薪,还被提升,为什么会出现这种截然相反的情况呢?原来,其中一个忠心有余,做事却不讲效率,每天忙忙碌碌,可工作一天下来,连自己分内的事都做不完。

另外一个女孩儿头脑灵活,变着法地提高工作效率,交给她的工作都会很快完成,还做一些并非自己分内的工作,譬如,替老板给读者回信等。她一直坚持这样做，并不在意老板是否注意到自己的努力。终于有一天，老板的秘书因故辞职，这个女孩当上了秘书。

故事并没有结束。这位女孩儿能力如此优秀，引起了同行的关注，其他公司纷纷提供更好的职位邀请她加盟。为了让她留在公司，老板不仅在职位上给她晋升，更是多次提高她的薪水，与最初当一名普通员工时相比，她的薪水已经提高了4倍。尽管如此，老板仍深感"物超所值"，其出色的业绩远非提高4倍的薪水所能匹配的。

老板都希望自己的员工能创造出丰硕的业绩，而绝不希望看到员工工作卖力却成效甚微。即使你费尽了全部的气力，却做不出一点实绩，那也是没有用的。仅仅会埋头苦干、不问绩效的"老黄牛"的时代已经过去了，企业更需要能插上效益翅膀的"老黄牛"。

埋头犁地的老黄牛，勤恳作业，可是不抬头看路，错了方向，那么，一天的劳动岂不是付之东流。我们想做什么，能所什么？别等别人来问，要先问好自己。

每一个成功老板的背后，必须有一群能力卓越、忠心耿耿且业绩突出的员工。没有这些成功的员工，老板的辉煌事业将无法继续下去。总之，业绩才是企业和个人生存的硬道理。

人在职场，必须做出成绩来，靠实力证明自己。

别轻视了
职场培训和学习

如今，科技发展一日千里，市场经济千变万化，人才的需求也随之不断改变。越来越多的职场中人开始感到了危机感，那是一种对自己原有的知识结构、知识层次不满意而产生的彻骨的危机感。

于是，很多人开始走进课堂充电加油。因为他们心里清楚，眼下市场竞争激烈，求职时只顾眼前利益，不考虑长远因素显然是不行的，在职充电已是大势所趋。

如果停止学习，别说晋升了，恐怕现有的饭碗都保不住了！

职业半衰期越来越短，所有高薪者若不学习，无须 5 年就会变成低薪！人才处于不断折旧中，而学习是防止人才折旧的最好方法。人才市场也随之出现了新的概念，由原来的高学历、高职称就是人才，转向"有需要才是人才"。

未来社会只有两种人：一种是忙得要死的人，因为工作和学习；另外一种是找不到工作的人。来自人才市场的信息已表明，现在的人才市场对英语人才的需要已经由原来的纯英语人才转向更青睐法律英语、金融英语等复合型人才；IT 行业更是如此，由原来的单一 IT 人才转向更看重 IT+ 管理、IT+ 产品研发等复合型 IT 人才，单一型人才的地位眼看难保。

因此，要想保住自己的职位，并谋取进一步的晋升，必须多争取一些培训机会。

大势所趋，在不少单位的招聘广告中，"培训机会"已被写在了显赫的位置上。随着信息时代新知识的膨胀性扩展，企业管理人员最终意识到，企业内部人力资源必须通过不断地开发，企业员工所具有的知识与技能才能完成再生及再利用，否则这种"易耗型资源"将会随时消耗殆尽。在高工资之外，人们更渴望公司提供培训教程。某杂志表示，管理者必须与从业人员进行更有效的交流，提供使专业人员提高技能的机会以及由公司负担的学习进修机会。

事实上，在单位不能满足自己时，有心计的白领们早已自掏腰包开始接受"再教育"。工商管理、计算机、财务、英语等都是比较热门的项目，这类培训更多意义上被当作一种"补品"。在以后的职场冲浪中，这些培训将化作各种资格证书，在求职或跳槽时增加跳槽者的"分量"，有时学历证书反倒排在了后头。

随着职场进入了后学历时代，学历之外的"素质训练"将被用来证明你比别人更优秀。

增加你的学识，打造全新的自我。如果你想进一步提高自己的管理水平和工作技能，增加自己的学识，从而尽快达到职场精英的水平，参加一些培训是必要的。但是，获得提高的最好方法未必是坐在教室里，接受老师"正规"的培训。那么，除了"正规"的培训之外，还有哪些方法可以提高技能、增加知识呢？

一、独立式学习

独立式学习就是让学习者独立完成一项具有挑战性工作。听起来不像是培训，但是这种潜在的培训价值很快就会在员工工作中显露出来。试想在整个工作中，他必须合理地安排每一个工作。

步骤：在什么时间达到怎样的目标；决定采取哪种工作方式、哪种技能；当工作中遇到困难的时候，他得自己去想办法，拿出一些具有创造性的解决方案。这对于培养他独立思考和创造性的能力都是很有好处的。这种学习方式也有利于促进学习者为独立完成工作去学习新的技能，迎接更大的挑战。

二、贴身式学习

这种培训是安排学习者在一段时间内跟随"师傅"一起工作，观察"师傅"是如何工作的，并从中学到一些新技能。学习者如同"师傅"的影子，这就要求"师傅"必须有足够的、适合的技能传授给那个"影子"，而且"师傅"还需要留出一定的时间来解决工作中存在的问题，并随时回答"影子"提出的各种问题。这种培训方式在需要手工完成任务的领域较为常见，它不仅锻炼了员工的动手能力，还提高了他们的观察能力，增加了他们的学识。

三、开放式学习

这种学习方法给接受培训的人以较大的自由，学习者可以自由地选择学习的时间和学习的内容。学习的内容根据工作需要可以是管理课程，也可以是计算机编程方面的知识，或者是他们感兴趣的、对他们在工作中有用的一些知识。他们可以到图书馆里去自修，还可以请公司的业务顾问帮忙。有的公司甚至要求学习者在一段时间内阅读一些与他们工作相关的书籍，然后在公司的培训会上讲演。

四、度假式学习

有些公司通常会允许或安排某些业务骨干每星期有一天或者半天不到公司上班，让他们到工商管理大学去学习短期培训课程，并希望他们学成后，能够将这些理论知识应用到工作中解决实际问题。这就是所谓的"度假式学习"。通常员工也会利用这个"假期"获得相关的资格证书。

五、轮换式学习

在某些公司，我们通常会看到这样一个现象：一位经理前两年在公司的一个部门任职，而接下来的两年，却转入另一个部门任职，这就是所谓的"工作轮换"。它适用大大小小的公司。一般公司规定一两年内某些管理者的岗位就可以轮换一次。到那时，新的岗位，新的职位，新的员工，新的问题，一切从头开始，这样做有利于培养出全能人才。

勤奋力
奠定生存力

有人说，世界上最完美、最幸福的人生，大都来自于勤奋。事实也确实如此，纵观各行各业，凡是勤奋不怠者必定有所成就。

勤奋，总是同"苦"字联系在一起。一个甘于吃苦、勤奋努力的人，就算还没有获得成功，却先已培养了自己坚韧的意志，这不也是一种收获吗？

当今社会，有形的财产是不可靠的，可靠的是那些永远属于自身的学问、技艺等无形财产，这些是终身不会被人剥夺的东西。而这些人生资产必须靠勤勉努力才能获得。

斯蒂芬金是国际上著名的恐怖小说大师，他每一天都几乎做着同一件事：天刚刚放亮，就伏在打字机前，开始一天的写作。

斯蒂芬金的经历十分坎坷。曾潦倒得连电话费都交不起，电话公司因此而掐断了他的电话线。后来，他成了世界上著名的恐怖小说大师，整天稿约不断。如今他算是世界级的大富翁了。可是他的每一天，仍然是在勤奋的创作之中度过的。

斯蒂芬金成功的秘诀很简单，只有两个字：勤奋。一年之中，他只有三天不写作，这三天是：生日、圣诞节、美国独立日（国庆节）。也就是说，他一年只休息三天，勤奋给他带来的好处是永不枯竭的灵感。

在职场中，勤勉努力的员工总是被优先采用，并且也比较容易拿高薪或奖金。

因此，人们应在年轻的时候，就培养"勤勉努力"的习性。到了年纪大了，想改变懒惰而变得勤勉，就很困难了。所以，必须自年轻时就养成勤勉的习惯才行。

日本最成功的企业家之一松下幸之助说：

"我在当学徒的七年当中，在老板的教导之下，不得不勤勉从事学艺，也不知不觉地养成了勤勉的习性。所以被他人视为辛苦困难的工作，而我自己却不觉得辛苦，甚至有人安慰我说'太辛苦了'的困难工作，我却反而觉得很快乐。

"青年时代，我始终一贯地被教导要勤勉努力。当时我想，如果把勤勉努力去掉，那么一个年轻人还所剩几何？因为年轻人有所期望，才需要勤勉努力：此乃人生之一大原则。

"事实上，在这个社会里，对有勤勉努力习性的人，不太被人称赞是尊贵或者伟大，也不会认为他很有价值。因此我认为大家应该无所顾忌地提升对具有这种良好习性者的评价，这样才算是真正对勤勉习性的价值有所认识。"

当然，勤奋也要勤在点子上，这是当今时代勤奋的特点。既要保持自己勤劳不懈的好作风，又要勤于研究、勤于寻找巧干的门路，选择一个最佳的突破口，使成功更容易。

但，成功也可能成为勤奋的坟墓。有人做过这样的统计，诺贝尔奖获得者获奖后的成就、论文篇目等远不及获奖前的一半，也就是说这些曾经的成功者其勤奋精神远不如从前。

可见，勤奋如果不是抱有远大的目标，那就很难持之以恒。不是因挫折而懈怠，就是因成功而松弛。

朋友，请把眼光望远一点，再望远一点。要看到自己与先进的差距，与时代的差距，让这些差距变成动力，使你重新振作，继续勤奋，永不满足。

正因为这样，有远见卓识的人总是对成功的美誉漠然置之，生怕妨碍了自己继续前进，不让自己的生活太安逸，以保持一种勤奋进取的精神境界。

居里夫人获得诺贝尔奖之后，照样钻进实验室里埋头苦干，实际上，她和许多著名科学家都有同感：人生最美妙的时刻是在努力和艰苦探索之中，而不是在庆功宴席上的喧闹恭维中。

从这个角度来看，勤奋的努力又如同一杯浓茶，比成功的美酒更于人有益。一个人，如果毕生能坚持勤奋努力。本身就是一种了不起的成功，它使一个人精神上焕发出来的光彩，决非胸前的一打奖章所能比拟。

　　生命的意义不仅仅是活着，而是要为这个世界做出些什么，留下些什么。每个人都会留下点什么，其成分与价值会因你的目标、你的勤奋程度而截然不同。

　　一般说来，存在是容易的，存在的内容却是极其严峻的选择——你是否有一个远大宏伟而又实实在在的目标：你是否有科学、缜密而又合乎实际的方法；更主要的在于你是否具备不屈不挠的勤奋精神——这一切决定了你存在的意义。

盲目，让你陷入沼泽

"唉！工作又没完成"；

"唉哟！我怎么又忘了健身"；

"我真后悔，一辈子竟一事无成"。

每当听到职场中这些人的叹息声，真想让他们知道，抱怨是没有用的，怎么不事先规划好自己的时间呢？其实这也是提高工作效率的"轻功"的要诀。

职场中有许多的人，每天只是埋怨自己命运不好，没有一个好家庭、好工作，甚至感到生活真累。他们不知道怎样安排和设计时间，让一个个机遇白白地从身边溜走，从而造成自己的生活不如意……

一个晴朗的早晨，和往常一样，德拉坐在办公室里看着一摞摞工作报表，他看得头昏脑胀。

当看到一半的时候，秘书走进了他的办公室说："副总，一位客商要求见您一面。"他不在意地说："让他先在客厅等一会儿，我马上就过去。"

当他用大约一杯茶的工夫翻阅完这些报表走进客厅时，看到那位客商正迫不及待地在客厅里徘徊。于是他满脸堆笑地对客商说："对不起！我工作太忙，让您久等了。"

客商听到他这句话后，说："如果你实在没有时间，不如我们改天再谈吧！"于是那位客商走出了客厅。

第二天，董事长找德拉谈话说："公司决定撤销你的职务，并决定辞退你。因为你不适合本公司的业务要求。"

德拉着急地说："怎么回事？我为了公司可没少卖命，怎么你的一句话，把一个高级职员想辞退就给辞了呢？"

董事长见他仍然执迷不悟，气急败坏地吼道："你这笨蛋，你把我1000万元的生意给搅黄了，你知道吗？"

德拉这才明白，是自己昨天的一句话惹恼了客商。他想起了初来这家公司的时候，在公司的员工须知专栏里有这样一段话："时间至关重要，凡是本公司员工一律遵守时间，任何人不能因故迟到或早退；要按时完成任务；要做好时间安排，哪怕是最小的细节也必须在日程安排中列出来并付诸实施。"

德拉的失误不在于他忙，而在于他没有计划好自己的时间。

人们习惯在手腕上戴着那个小玩意，但却很少人去想如何好好地利用它。时间是用来计划的，而不仅仅是用来过的。

做好时间的计划，可以让你更清楚自己在做什么，也能让你的生活与工作更有条理。不要先看"涮牙用5分钟，洗脸10分钟，吃早点20分钟，赶往学校的路上需要1个小时"这样的小计划，虽然这只是一天中的一小部分，但这一个个小部分却能构成一个人办事的条理分明，效率显著。

好了，抛开一切杂念，先看一个故事：

巴西就是一个不设计时间的国家，巴西人戴手表比美国人更少，而且即使戴了表，也不太准确。

一个叫鲍伯的人跟巴西的一家飞机制造公司签约，因为巴西人拥有汽车的很少，只好坐公交车前往。但鲍伯根本不了解巴西的习惯。他甚至提前了15分钟，可是巴士司机把车丢在半路，自己已不知去向。这下可把鲍伯急坏了，因为这家公司的总裁要乘飞机去印度考察，前天吃饭时已经跟鲍伯约好了，让鲍伯在9点前赶到，否则这桩1亿多美元的生意就完蛋了。

鲍伯几次想下去找这个巴士司机，可又不知去向。只好坐在车上等了。大约

20分钟后，巴士司机才慢慢悠悠地出现了，边走边吃着最后一口三明治，他向乘客说了一句："谢谢大家在等我"，才开车上路，等鲍伯好不容易赶到这家公司时，公司里的人说老板实在无法等到你，就急着赶飞机去了，说等他回来再说吧！

等鲍伯一个星期后，来到这家公司时，公司总裁早已跟别的公司签了约。鲍伯实在感到无奈和愤慨。

你也许替鲍伯感到遗憾，1亿多美元的大买卖泡汤了呀！可是如果他一开始就有一个计划方案，留出一定的时间余地，又何至于此？这样你是否觉得计划是多么的重要了呢？那么，趁你还年轻，赶快计划自己的时间吧！你可以随心所欲地浪费时间，但你无法不面对故事中那些不重视计划时间而产生的严重后果。

如果不计划时间，只是盲目地去追求目标，你最终只会走到一片让你终身难以走出令人望而生畏的沼泽地。

职场无小事，小事成就大事

职场无小事，小事成就大事。作为一名员工，无论在什么岗位上，只要用心去做每件事，都能实现自己的价值。任何人所做的工作，都是由一件件小事组成的。但不能因此而对工作中的小事敷衍应付或轻视懈怠。记住，工作中无小事。所有的成功者，他们与我们都做着同样简单的小事，惟一的区别就是，他们从不认为他们所做的事是简单的小事。

古希腊大哲学家苏格拉底有一次对他的学生们说："今天咱们只学一件最简单也是最容易做的事儿。每人把胳膊尽量往前甩，然后再尽量往后甩。"说着，苏格拉底示范做了一遍："从今天开始，每天做 200 下。大家能做到吗？"

学生们都笑了。这么简单的事，有什么做不到的？过了一个月，苏格拉底问学生们："每天甩手 200 下，哪些同学坚持了？"有 90% 的同学骄傲地举起了手。又过了一个月，苏格拉底又问，这回，坚持下来的学生只剩下八成了。

一年过后，苏格拉底再一次问大家："请告诉我，最简单的甩手运动，还有哪几位同学坚持了？"这时，整个教室里，只有一个人举起了手。这个学生就是后来成为古希腊另一位大哲学家的柏拉图。

从甩手这件小事，可以充分地看出柏拉图对任何事情都能非常认真地去做，并坚持到最后。成功者之所以成功就在于他能够细心地去做每一件小事，从每一件小事中就能体现他对生活的态度，所以柏拉图他成功地成为古希腊继苏格拉底的另一位著名的哲学家。

阿基勃特是美国标准石油公司的一名小职员，他出差时，每一次住旅馆都会在自己签名的下方写上"每桶标准石油4美元"的字样，连平时的书信和收据也不例外，签了名就一定要写上那几个字。因此，同事给他起了个"每桶4美元"的外号。渐渐地，他的真名倒没有几个人叫了。

公司董事长洛克菲勒听到这件事后十分惊奇，心里想："竟有如此努力宣传自己公司声誉的职员，我一定要见见他。"于是，他邀请阿基勃特共进晚餐。后来，洛克菲勒卸任后，阿基勃特成了公司的第二任董事长。

在签名的时候，署上"每桶标准石油4美元"，这是一件非常小的事，严格来说，它不在阿基勃特的工作范围之内，但他全力以赴地一直坚持着，并把它做到了极致。尽管遭到了许多人的嘲笑，他也没有放弃。在嘲笑他的那些人中，肯定有不少人的才华和能力在他之上，可是最后，只有他成了董事长。

为什么呢？因为这件微不足道的小事很好地表现小了阿基勃特的责任感和敬业精神，而这正是取得卓越成就的基础。

任何人踏上工作岗位后，都需要经历一个把所学知识与具体实践相结合的过程，需要从一些简单的工作开始这种实践，并从实践中不断学习。所以，面对一件不起眼的小事，你要一丝不苟地扎扎实实做好，并虚心向他人请教，积累经验。

一个人能否成就卓越，取决于他是否做什么事都力求做到最好，其中自然也包括那些再平凡不过的小事。所以在工作中，哪怕事情微不足道，你也要认认真真地把它做好。能做到最好，就必须做到最好，能完成100%，就绝不只做99%。

希尔顿饭店的创始人康·尼·希尔顿对他的员工说："大家牢记，万万不要把忧愁摆在脸上！无论饭店本身遭到何等的困难，大家都必须从这件小事做起，让自己的脸上永远充满微笑。这样，才会受到顾客的青睐！"正是这小小的微笑，让希尔顿饭店遍布世界各地。

工作中无小事，要想把每一件事情做到无懈可击，就必须从小事做起，付出你的热情和努力。士兵每天做的工作就是队列训练、战术操练、巡逻排查、擦拭枪械等小事；饭店服务员每天的工作就是对顾客微笑、回答顾客的提问、整理清扫房间、细心服务等小事；公司中你每天所做的事可能就是接听电话、整理文件、绘制图表之类的小事。但是，我们如果能很好地完成这些小事，没准儿将来你就可能是军队中的将领、饭店的总经理、公司的老总。反之你如果对此感到乏味、厌倦不已，始终提不起精神，或者因此敷衍应付差事，勉强应对工作，将一切都推到"英雄无用武之地"的借口上，那么你现在的位置也会岌岌可危，在小事上都不能胜任，何谈在大事上"大显身手"呢？没有做好"小事"的态度和能力，做好"大事"只会成为"无本之木，无源之水"，根本成不了气候。

不要小看小事，不要讨厌小事，只要行益于自己的工作和事业，无论什么事情我们都应该全力以赴。用小事堆砌起来的事业大厦才是坚固的，用小事堆砌起来的工作才是真正有质量的工作。"勿以善小而不为，勿以恶小而为之。"细微之处见精神。有做小事的精神，才能产生做大事的气魄。因为成功就藏在每天细小而琐碎的工作中。

多付出的那一点
也许会改变你的一生

很多人花费大量的时间和精力去寻找成功的捷径，却从来不肯多花费一点时间在工作上。这样是在舍本逐末。其实，不要小瞧自己比别人多付出的那一点，它也许就会改变你的一生，伟大的成就通常是一些平凡人们经过自己的不断努力而取得的。想要感动你的老板，成为老板心目中不可中缺的人才，没有太多的窍门，只需要你"多做一点点"。

在职场上，常常有这样的员工，他们认为只要把自己的本职工作干好就行了。对于老板安排的额外的工作，不是抱怨，就是不主动去做。这样的员工，自然不会获得升职加薪的机会。

在柯金斯担任福特汽车公司总经理时，有一天晚上，公司里因有十分紧急的事，要发通告信给所有的营业处，所以需要全体员工协助。不料，当柯金斯安排一个做书记员的下属去帮忙套信封时，那个年轻的职员傲慢地说："这不是我的工作，我不干！我到公司里来不是做套信封的工作的。"

听了这话，柯金斯一下就愤怒了，但他仍平静地说："既然这件事不是你的分内的事，那就请你另谋高就吧！"

一个员工，要想纵横职场，取得成功，除了尽心尽力做好本职工作以外，还要多做一些分外的工作。这样，可以让你时刻保持斗志，在工作中不断地锻炼自己、充实自己。当然，分外的工作，也会让你拥有更多的表演舞台，让你把自己的才华适时地表现出来，引起别人的注意，得到老板的重视和认同。

一个好员工，光是全心全意、尽职尽责为公司工作是不够的，你还要时刻提醒自己，我可不可以为公司、为客户多付出一点点呢？其实，每天多付出一点点并不会把你累垮，相反，这种积极主动的工作态度将使你更加敏捷主动，才可以给自我的提升创造更多的机会。

每天多付出一点点，能让你在公司里脱颖而出，这个道理对于普通职员和管理阶层都是一样的。每天都能多付出一点点，上司和客户都会更加信任你，从而赋予你更多的机遇。

看看你的身边，你会发现，有许多优秀的员工，这些人是公司的骄傲，是公司的财富。他们每个人都是很平凡的人，使他们显得与别人不同的原因，仅仅是他们愿意每天都多付出一点点，一年 365 天，天天如此！

每天多做一点点，意味着什么呢？意味着改变自己——一件事情会影响一个人的命运，也许几件事情就会改变一个人的一生。只要你每天多做一点点，每一天都是一个阶梯，都是新的一步——向着既定的目标。换句话说，只有不断地追求才有不断地进步。只有不断地行动，才有不断的成就。每天多做一点点，日积月累，作为普通员工的你也会达上成功的阶梯，摘取满意的成果。

卡洛·道尼斯先生最初为杜兰特工作时，职务很低，现在已成为杜兰特先生的左膀右臂，担任其下属一家公司的总裁。之所以能如此快速升迁，秘密就在于"每天多干一点"。

他是这样描述自己的成功经历的：

"50 年前，我开始踏入社会谋生，在一家五金店找到了一份工作，每年才挣75 美元。有一天，一位顾客买了一大批货物，有铲子、钳子、马鞍、盘子、水桶、箩筐等等。这位顾客过几天就要结婚了，提前购买一些生活和劳动用具是当地的一种习俗。货物堆放在独轮车上，装了满满一车，骡子拉起来也有些吃力。送货并非我的职责，而完全是出于自愿——我为自己能运送如此沉重的货物而感到自豪。

"一开始一切都很顺利，但是，车轮一不小心陷进了一个不深不浅的泥潭里，使尽力气都推不动。一位心地善良的商人驾着马车路过，用他的马拖起我的独轮车和货物，并且帮我将货物送到顾客家里。在向顾客交付货物时，我仔细清点货物的数目，一直到很晚才推着空车艰难地返回商店。我为自己的所作所为感到高兴，但是，老板却并没有因我的额外工作而称赞我。

"第二天，那位商人将我叫去，告诉我说，他发现我工作十分努力，热情很高，尤其注意到我卸货时清点物品数目的细心和专注。因此，他愿意为我提供一个年薪 500 美元的职位。我接受了这份工作，并且从此走上了致富之路。"

如果不是你的工作，而你像道尼斯先生那样做了，这就是机会。有人曾经研究为什么当机会来临时我们无法确认，因为机会总是乔装成"问题"的样子。当顾客、同事或者老板交给你某个难题，也许正为你创造了一个珍贵的机会。

因此，对于每一人来说，获得成功的秘密在于不遗余力加上那"一盎司"。多一盎司的结果会使你最大限度地发挥你的天赋。

多做一点点，是聪明人的选择；少做一点点，是投机者的把戏。前者是主动掌握成功，后者利用成功；前者为长久的人生之道，后者为短暂的机会偶遇。

成功者与失败者的差距，其实并不像大多数人想象的那样有一道巨大的鸿沟横亘在面前。成功者与失败者的差距在一些小小的事情上：每天比他人多做一点点，每天花 5 分钟的时间查阅资料，多打一个电话，在适当的时候多一个表示，多做一些研究，或者在实验室中多实验一次……

坚持不是一件容易的事，坚持每天比原来多做一点点更不是一件容易的事。坚持每天多做一点、做好一点，克服拖沓、马虎、等待、推诿和懒惰，积少成多，我们就会比别人做得更好、学得更多。每天多做一点点，每天进步一点点，就离成功近了一点点。

有创新才能有发展

创新是一个企业发展的动力，也是一个员工增强自身竞争力的有效途径。我们常说："穷则思变"，这里的"穷"可以理解为是被生活所迫；可以理解为是身处逆境、绝境；也可以理解为是对现状不满，但我们更希望把它理解为是遇到问题主动去寻求解决的方法，而不是被逼无奈、不得不去做的被动。主动是一种态度，更是一种智慧。

有创新才能有发展。一个职场中的优秀员工必定是做事高效的员工，因为只有高效才能让员工业绩突出，得到老板的赏识。要想高效率做事，员工就必须具备一定的创新能力。而一次、两次的灵光一现，并不能让你真正具备过人一等的资本，只有坚持长期的创新，不断地创新，才能在工作中不断提高，超越别人，也超越自己。把创新当成一种习惯，你就是老板需要的那个人。

那么你具备这样的能力和素质吗？在公司里，老板给你规定的任务，你是否每天重复别人或者自己老一套的方式去完成的呢？如果是，为什么不鼓起勇气，大胆创新，想出一个奇妙的好点子，更快、更迅速、更好地完成任务呢？你要想在最短的时间内获得别人不能获得的成功，你就必须要有创新的意识和追求卓越的精神。

创新是与思考密不可分的，也许你会有突然的灵光一现，但这毕竟不会是常有的事，而思考则是创新的基础。让你的大脑始终处于思考的状态，才能训练思维独辟蹊径。如果不勤于思考，安于工作现状，或凡事照搬别人的经验，遇到挫折与困难时坐等"援兵"，那么在工作中就无法主动，也就无法高质量地达到目标，也就无法超越别人。因此，养成了独立思考的习惯，对员工来说都是非常重要的。

老板不会喜欢一个不肯动脑的员工，没有自己的思想，老板怎么可能对他委以重任呢？

勤于思考，还要善于打破思维定势。在工作中，会出现许多我们无法通过正常思维方式来解决问题，即使能够解决，也会因为耽误大量的时间而降低效率。因此，如何快速有效地解决问题就成为提高工作效率的关键，而创新无疑就是最佳的选择。

微软独特的面试方式是体现企业渴望创新人才的典型。

在微软，每一次面试通常都会有多位微软的员工参加。每一位员工都要事先分配好任务，有的会出智力方面的问题，有的会考反应的速度，有的会测试创造力及独立思想的能力，有的会考察与人相处的能力及团队精神，有的专家则会深入地问研究领域或开发能力的问题。面试时，他们问的问题也都是特别有创意的。比如，测试独立思想能力时，他们会问这一类的问题：

1. 请评价微软公司电梯的人机界面。

2. 为什么下水道的盖子是圆的？

3. 请估计北京共有多少加油站？

这些问题不一定有正确的答案，但是他们由此可测出一个人思维和独立思想的方式。

微软的这些考题没有标准答案，也不是为了为难应聘者，而是用来测试一个人思维和独立思想的方式。这类题每个人都可以做，但做好它却非常不易，而且这类题目事先也是无法准备的，所以不但可以测试出一个人逻辑思维的能力，解决问题的能力，也可以测出随机应变的能力。

由此可见，富有创新精神，培养具有创造力和潜能的思维方式，对员工本人和企业来说都是非常主要的。

创新需要时时进行，如果你能在刚工作时就展现这方面的能力，那你就能很快从一大堆信任中脱颖而出，领先一步。创新是成功的源泉和牵引力，创新就是摒弃旧的过时的即将遭淘汰的方法，去挖掘一种新方法。无数成功的例子告诉我们，创新是成功的必备要素。

法国自然科学家亨利·法柏用松树毛虫做了这样一项实验：

这种松树毛虫以松针为食，它们有互相跟随的本能，走在前面的那条要边爬行边吐出一条丝，走到哪里，丝就吐到哪里，后面跟着的虫就不会迷路。实验开始，亨利首先在花盆中央放了一些松针，然后把一队毛虫引到花盆上，等到全队的毛虫爬上花盆边缘形成圆圈时，他就用布将花盆四周的丝擦掉，仅留下花盆边缘上的丝。松树毛虫开始绕着花盆边缘走，一只接一只盲目地走，一圈又一圈重复地走，它们都认为只要有丝在路上，就不会迷路。如此走了许多天，这些毛虫终于因为饥饿力竭而死亡，根本不知道其实几厘米处就有丰富的食物。

松树毛虫的下场是悲惨的，他们认为只要有丝在，就证明有其他的同类从此经过，并获取了食物，因而才会坚持不懈、死心塌地地走下去。是的，这是它们的本能，但走在最前面带路的那只松树毛虫应该去遵循什么样的本能呢？可见，这种本能是在无数次的这种盲目跟从中形成的懒于思考的习惯。而这也直接导致了它们奋斗到底却全盘失败。就像没有目标的船，开往任何方向都会是逆风的。

很多人认为创新是企业领导者的事，与自己无关，这种认识是完全错误的。正如杰克·韦尔奇所说的："我们每个人都有可能成为创新的人，关键是看我们有没有创新的勇气和能力，能否掌握创新的思维方法和运用创新的基本技巧。"其实，创新并不是高不可攀的事，每个人都有某种创新的能力。但问题是有没有发挥你的创新能力，职场中的许多人养成了一种惰性，只是每天重复性地完成工作，甚至就根本不去想创新的事。他们一切都按固定的模式去做，结果做来做去，始终平平庸庸，没有丝毫的改变和进步，这样的人何谈竞争力？

我们知道，一个企业的发展和创新来源于有创新精神和创新能力的员工，而且随着信息经济的飞速发展及产品换代升级的周期愈来愈短，企业的用人观念也不断更新，创新能力被提到了一个重要的位置。一名员工是否具有创新意识和创新能力，越来越被现代企业的老板们所看重，尤其对知识型企业来说，创新是企业发展的根本前提。

企业需要有创新能力的员工来推动它的发展，增强企业的竞争力。IBM 总经理沃森信奉丹麦哲学家哥尔加德的一段名言："野鸭或许能被人驯服，但是一旦驯服，野鸭失去了它的野性，再也无法海阔天空地自由飞翔了。"他说："对于重用那些我并不喜欢却有真才实学的人，我从不犹豫。然而重用那些围在你身边尽说恭维话，喜欢与你一起去假日垂钓的人，是一种莫大的错误。与此相比，我寻找的却是那些个性强烈、不拘小节以及直言不讳似乎令人不快的人。如果你能在你的周围发掘许多这样的人，并能耐心听取他们的意见，那你的工作就处处有利。"

创新是一个人凝聚的才华和智慧在一个合适的时空中得到了完美的释放，从而创造出了令人羡慕的业绩。创新要着眼于未来，时时更新自我。对于习惯于从过去的经验中学习的人来说，创新是件艰难的事。新的游戏规则应该是：向"未来的经验"学习，想象你不曾体验过的东西，然后从中学习。去梦想未来的事物，在心中描述他们，跳跃的灵感往往从中产生。

面对竞争激烈的职场，你要扮演的角色由你自己来决定，谁也不甘心居于人后，那你就应该不断地超越平庸，追求完美，尝试别人不敢做的事，走别人不愿走的路，你才能成功。

别人的成功无法复制，一味地模仿自然也是不可取的，但借鉴一些东西总要比盲目地摸索好得多。可是，你要清楚自己借鉴的是什么，是方法和思路，也是学习的途径。这并不意味着既然是成功的，就可以全盘照抄。我们应该有自己的头脑，学会独立思考，利用自己的智慧悟出其中的真理，学习别人的精髓、观念和方法，从而找出适合自己的方法，走出自己有新意并且成功的路来。

麦当劳这个美国的著名快餐品牌，近年在欧洲的发展并不顺利，但在法国却是例外。45 岁的丹尼斯·汉尼奎在他任麦当劳法国地区总经理的 7 年中，根据欧洲客人的习惯和爱好进行了许多改变：增加了季节沙拉、法国蛋糕等新品，引入耳机供客人欣赏音乐，人们可以坐在麦当劳的餐桌旁悠闲地聊天，而不仅仅是狼吞虎咽汉堡包。

对一个传统的快餐巨头进行改变并不是容易的事，这样的改变使汉尼奎遭到了很多人的质疑和反对。但事实证明，汉尼奎所做的一切是正确的：麦当劳进入了法国最佳销售名单；在法国麦当劳店里，每位顾客的平均消费金额是美国的两倍；麦当劳在法国的分店数目也增加了一倍，超过 1000 家。汉尼奎在升任麦当劳欧洲区副总裁时深有感触："作为管理者，没有勇气就不可能成功。"

勇气，我们常常用它来形容一些做出超常之事的勇敢者。现在，它却多被用来比喻一个行业的开拓者们，使人无形中有了一种悲壮的感觉。但是，在创新的路上也确实经历过太多的酸甜苦辣。拱手相让容易，妥协放弃也不难，而要想坚持和执着，就必须得具有超常的勇气。

学会展现
你的才华

如果你认准了一个老板，而他还没有发现你的才华，先不要急着抱怨，而应该学会表现自己。只有让老板看到你的才华，你才有被重用的可能。

我们选择老板，并不意味着一定要频繁跳槽。也许你遇到的老板虽然很值得跟随，但他却看不到你的能力和贡献，甚至毫无道理地打压你，会让你的内心产生一种失落感，甚至产生"跳槽"的念头。

树挪死，人挪活。许多人把"跳槽"看作一种改变自身境遇的机会，希冀着通过工作的更换，达到升职加薪、获得更大发展空间、充分展示自己的才华等目的。不过，如果你已经换了很多位老板，却仍然没有得到重用，那就可能不是老板的问题了，而是你自身存在着问题。也许你跟对了老板，却没有机会让老板了解你的才华！

即使你遇到的老板是一位"伯乐"，他也不一定能第一时间发现，甚至发掘你的特长和潜质。倘若因为老板一时忽视，而一味地怨天尤人，甚至动不动就盘算着"另谋高就"，那么你很容易错失好老板，这就就非常可惜了。你要做的不应是抱怨，而是学会表现自己。只有让老板看到你的才华，你才有被重用的可能。

很多人以为：只要自己努力工作，默默耕耘，鞠躬尽瘁，老板就一定会知道。而事实绝对不是这样的，因为让老板分心的事务很多，而且他并没有火眼金睛，掌管大局的他不可能事事都知晓，不可能清楚每一个下属的表现甚至潜质。

所以，对于仍然龟缩一隅期翼老板主动垂青的员工，不如自己早做准备，主动出击。否则，就算跟对了老板，也未必能鱼龙入海。

最近这几个月，正是一年中的产销旺季，眼看公司今年的生产、销售业绩都比去年有了长足的发展，李老板自是喜不自禁。可没想到的是，元器件事业部的一个姓王的小伙子却跑来向他提出了辞职申请。

这个小王已经在公司里工作了将近四年，也是公司的老员工了，工作一向还算称职。李老板不免有些疑惑，询问他辞职的原因。小王支支吾吾地并没有说出个所以然来。李老板以为他一定是另有方向，攀上了别的高枝，便也没做过多的挽留。

一年后的一天晚上，李老板独自在酒吧喝酒，无意间遇到了小王。见到李老板，小王讪讪地主动走过来招呼。李老板倒也大方，请他一块坐下。彼此客套一阵后，李老板问起小王的近况，小王说："和原先在您的公司里没什么差别。"

原来，小王大学毕业后就进入了李老板的公司，在元器件事业部从事技术工作。虽然小王努力试图展开自己的才华，但由于种种原因，却一直没有得到足够的重视。虽然公司在待遇上比一般公司高，但苦于没有自身发展的机遇，小王最终还是决定"跳槽"。然后他进入一家同类企业，从事着同样的工作，原本以为通过环境的改变、自身的努力，可以获得更大的施展抱负和才华的空间，却不想一切依旧如故，只不过换了个"打杂"的地方而已。

讲完自己的遭遇，小王叹了口气说："李老板，说句您不爱听的，是不是所有的老板都像您这样，很难发现员工的潜能和长处，总是喜欢按照自己的固定思维模式来安排雇员的工作，让下属们找不到施展才华的机会？"

李老板没想到自己竟然给小王留下了如此的印象！不过，李老板并没有急于表态，只是询问了一些他对于以往和目下境遇不满的原因。小王大胆地讲了许多自己的见解，有纯技术上的，也有关于企业管理上的，说的虽然不能说精辟独到，却也不无道理。

李老板还真后悔当初把他放走了，小王的很多见解和设想对于公司的生产和经营确实是有益的。

第二天一大早，李老板便召集了公司相关部门的经理们讨论了小王的见解和建议，大家一致认为公司的确是错过了一个不错的人才。当天中午，李老板给小王打了电话，约他来公司谈谈。小王很快来了，李老板直截了当地希望他能够"好马也吃回头草"，重新回来工作，当然也相应地给他提供了适合的职位和待遇。小王很高兴地同意了。

李老板很认真地问小王，为什么当初不把自己的这些设想和建议提出来？小王不好意思地说，其实他当初也很想把自己的想法表露出来，只是因为生性羞涩，不善于与人交流和沟通，而且还固执地认为上司和老板应该主动发现员工里的人才。正是怀着这种想法，所以后来虽然后来换了工作和老板，也依然怀才不遇。

最后，小王说："如果不是那天喝了点儿酒，而且我们之间不再是老板和雇员的关系了，我还不敢那么直截了当地袒露自己的想法呢！"

在职场中，很多员工总是埋怨自己没有遇到伯乐，埋怨自己怀才不遇。但是反过来想想，你是否主动让伯乐看到了你这匹"千里马"呢？千里马若不会放歌长嘶，也难能引起伯乐的注意。

其实，在日常生活中，所谓的人才比比皆是，许多人因为这样那样的原因，被忽视冷落了。作为老板，无论企业的性质如何，都希望企业能够兴旺发达，因此主观上他们并不愿意忽视员工的才智和能力，浪费人才资源。但是，老板们并不都是天生的"伯乐"，不可能总是那么敏锐地发现员工的优点。老板也是人，是人就会有个人的偏好和习惯，也就会因为这些偏好和习惯犯一些错误，从而忽略了身边的人才。

遇到这种情况，员工最好的选择不是默默等待，更不是埋怨怀才不遇，而应该首先躬身自问："我，有没有在老板面前表现过自己？有没有让老板看到千里马扬蹄的时刻？"进一步，你应该把自身的优势充分展示给老板，让老板去发现，让老板去赏识。老板作为公司的直接负责人，绝对不会有心埋没人才，所以，你要做的不是抱怨，而是给自己机会，也给老板机会，让他知道你的存在，你的能力，你的潜质。

自信越大，
成功越近

随着女性的社会独立性越来越强，她们在职场中开始占据着非常重要的地位。在在独立自强的同时，她们也面临着和男人一样的压力和竞争。女性的职场之旅，同样精彩纷呈。本章将要讲述的是，一个初入职场的丑小鸭是如何蜕变成白天鹅的。

你不自信，谁来信你

话说，女大学生小郭应聘到一家知名公司工作，上班头一个星期，公司按照惯例召开全体大会。九点的时候，员工都来到大会议室，总经理已经坐在主席台上了。在他的旁边，是一位穿着时尚、很漂亮的女孩子。

总经理通报了一下公司前一个月的业务情况，然后话锋一转，指着身旁的女孩对大家说："田小甜从一个普通员工，成为现在公司的'白骨精'，大家是看着她走过来的，虽然不容易，但是她做到了……"

小郭一愣，心想："白骨精"是《西游记》里一个很可恶的妖精，经理怎么能这样说一个小女孩呢？就算是要批评她，也不能当着全体员工的面，这么诋毁人家，骂人家是"白骨精"吧？况且我听别人说过，这个田小甜，业务在公司做的是最好的，经理怎么这样对她呢？

小郭向台上看去，只见田小甜坐在台上，非但没有害羞的样子，嘴角反而露出微微的笑来。经理接着说："大家想不想也像田小甜一样？"台下的员工听了经理的话，一边热烈地鼓起掌来，一边齐声回答："我们都愿意做'白骨精'。"

看着公司员工这么激动、热烈的样子，小郭不由得傻了，难道他们都不知道《西游记》里白骨精的故事？她用手碰了碰坐在一起的主管佟大姐，小声地问："主管，为什么大家都要做……"

佟大姐看到小郭紧张的样子，一下子明白过来，抱歉地说："忘了跟你说了，凡是我们公司的白领、骨干、精英人员，经理都简称'白骨精'，所以他要求我们争做'白骨精'。"她的脸上露出羡慕的神情，继续说，"不过在职场中，'白骨精'这个称呼普遍用在成功女性身上。"

接下来，佟大姐又给她解释，"白骨精"并不同于一般意义上的女强人。

女强人智商高、能力强，在商场搏杀的时候不见似水的柔情，倒时常看到她们像训孙子那样，呵斥手下男丁。男人也只把她们当对手，从未想过找她们做对象。找女强人做老婆，简直等于找个上司。

女强人们赤手空拳地在男人的世界里打拼，等到权利与财富兼具的时候，却发现青春已逝，只得自己一人茕茕孑立。而这时，却再也找不到一个可以让自己趴在上面哭一哭的宽阔肩膀，想想也委屈死了。女强人为争取自己的社会与经济地位而付出的代价，堪称一部血泪史。

如今"白骨精"又再现江湖，白领、骨干、精英三位一体，除了继承了女强人的业务水平外，也拥有了一个有能力的"精"所必须拥有的妖气。她们依然是位高权重的，倒也不乏闲情。不曾像女强人那样，为了工作不顾一切，鲜衣美食的日子过过，帅哥俊男的豆腐也要吃吃。这叫精神文明物质文明两手抓，两手都要硬。有一次深夜的电台节目正在做一档关于"白骨精"的节目，电话接通的那一刻，某女冲着北京的夜空自豪地说："我就是白骨精。"真是感动啊。

小郭恍然大悟：原来，职场中的成功女性就叫"白骨精"！

醒悟后的小郭脸上露出坚毅的神情，两眼紧盯着台上光彩照人的田小甜，心里想：有朝一日，我也要成为白骨精！

走出你的
自卑泥潭

　　小郭刚刚大学毕业那会，进入公司后一直懵懵懂懂，脑子里充满了对职场的各种美丽幻想。她还没有意识到职业生涯中将会遇到多少问题，但"白骨精"的形象已经在她脑海里悄然生根，并将其作为自己的奋斗目标和学习榜样。

　　为了早日修炼到"白骨精"的境界，她虚心地向主管佟大姐求教。

　　佟大姐耐心地告诉她，像小郭这种职业女性，只要有着成为"白骨精"的强烈欲望，并能充分运用自己的优势，提升自己的竞争力，都能在职场这个大舞台上拥有属于自己的一席之地，并最终成为令人羡慕的"白骨精"。可是小郭自己却有点不自信："我这么不起眼，要能力没能力，要相貌没相貌，怎么可能在高手如云的职场中脱颖而出呢？"

　　佟大姐笑了："我想，你一定听说过丑小鸭的故事吧？"

　　小郭撇了撇嘴："不就是那篇著名的童话吗，作者是安徒生，这地球人都知道。"

　　佟大姐："可是你知道吗，这篇童话是在安徒生心情不太好的时候写的。那时他有一个剧本《梨树上的雀子》在上演，像他当时写的许多其他的作品一样，它受到了不公正的批评。他在日记上说：'写这个故事多少可以使我的心情好转一点'。"

　　小郭："哦，会是这样？我还真不太了解，看来有必要重新读读这个故事。"

　　这个故事的主人公是一只"丑小鸭"——事实上是一只美丽的天鹅，但因为它生在一个鸭场里，鸭子觉得它与自己不同，就认为它很"丑"。其他的动物，如鸡、狗、猫也随声附和，都鄙视它。它们都根据自己的人生哲学来对它评头论足，说："你真丑得厉害，不过只要你不跟我们族里任何鸭子结婚，对我们倒也没有什么大的关系。"它们都认为自己门第高贵，了不起，其实庸俗不堪。

相反，"丑小鸭"却是非常谦虚，"根本没有想到什么结婚"。它觉得"我还是走到广大的世界上去好。"就在"广大的世界"里，有天晚上它看见了"一群漂亮的大鸟从灌木林里飞出来……它们飞得很高——那么高，丑小鸭不禁感到说不出的兴奋。"这就是天鹅，后来天鹅发现"丑小鸭"是它们的同类，就"向它游来……用嘴来亲它。"原来"丑小鸭"自己也是一只美丽的天鹅，即使他"生在养鸭场里也没有什么关系。"

这个童话我们早已耳熟能详，如果换个角度来看，再联系到我们自身，你会有什么发现呢？是的，聪明的你也许已经猜到，从"丑小鸭"到"天鹅"的变化，不正是一个人由自卑到自信的转变过程么？

如果你还深陷在自卑的泥潭中，如果你想改变现状，成为一名优秀的职业女性，在继续读这本书之前，你要先对自己大喊一句："我不是丑小鸭，总有一天，我会变成美丽高贵的天鹅！"我必须再次申明，你一定要充满自信地喊出这句话，这一点很重要。

试一试吧，这并不难做到，真的！

与其自怨自艾，不如勇敢挑战

听完佟大姐对丑小鸭这个故事的分析，小郭虽然有所触动，但是还不能立刻让她变得自信起来。毕竟，丑小鸭的故事，并不具有代表性。

小郭说：可童话毕竟是童话，它和现实还是有很大不同的。就像另外一个童话里的灰姑娘，她穿上一双神奇的水晶鞋就变成了美丽动人的公主。但在现实生活中，这种充满魔力的水晶鞋并不存在啊。

相信很多人都有这样的疑问，为了解答这一问题，下面就让我们回归现实，讲一个现代版的《丑小鸭》，或者也可以称之为现代版《灰姑娘》。

她被认为是"丑小鸭"，却偏偏走上表演之路。在大多是俊男美女的同学中，她连一个群众演员的机会都得不到。她是一个灰姑娘，一个渴望站在舞台上让耀眼的光环环绕的灰姑娘。梦想推动她选择了唱歌，几番波折，终得命运之神的青睐，让她如愿以偿地穿上了水晶鞋。她——就是2005"超女"第五名纪敏佳，为梦想歌唱的灰姑娘。

与《丑小鸭》一样，灰姑娘的故事也在激励着无数个女孩，纪敏佳即是其中之一。

这个女孩曾被无数人恭维"长得像大妈"，从参赛之日起，或者说从出道之日起，就坚韧地接受着这个社会的洗礼。2004年，同样的超女舞台，她愤怒地留下一句"我觉得你们就是在选美"而惨淡离开，没有人触摸得到这个灰姑娘的失望和忧伤。但她从来没有自卑过，反而一如既往地对自己充满了信心。

终于到了2005年，由于对梦想的执著，让她迎着几乎必将失败的命运重来。

多少个日日夜夜，没有鲜花和掌声的簇拥，没有坚强有力的后盾，只凭自己对音乐的执著，无论台上台下，她拼搏着一路走来，以自信的姿态用心歌唱。众多无聊无知的谩骂和诋毁渐被冲散，她慢慢赢得评委和歌迷的赞赏，她高昂着实现了自己灰姑娘的梦想。

因为她灰姑娘的本色，依然承受着不公平的"款待"——人气不足而止步于三甲。但实力强劲却是不争的事实，世人看到了这个灰姑娘的不一般。冠军只属于一人，虽然这个灰姑娘的目标是冠军。但谁也不能否认她的成功，不，应该说谁也不能否认她已经很成功。

离开了"超级女声"这个舞台，应该有更宽广的舞台等待着这个怀抱梦想的灰姑娘尽情舒展。灰姑娘的道路不好走，纪敏佳的亲身经历告诉我们，但一定要有梦。她从小就幻想着有一天穿上自己的水晶鞋——站在舞台上让耀眼的光环环绕，现在，她做到了。

由此可见，灰姑娘的水晶鞋是存在的，那就是——自信。

长相平凡并不是一个人的错，如何让大众觉得你充满自信又有亲和力，这是需要任何时候都要把握的。靓女帅男只是一个优势资本，但如果因此忽视内在和能力，反而让人讨厌。无论你多么"天生丽质难自弃"，你都只能做自己该做的，只能不断地提高自我，才会达到"职场超女"梦想的彼岸。同样，无论你的相貌如何不尽如人意，也绝不能自卑。你要知道，自卑是自信最大的敌人。

奥地利心理学家奥威尔在《自卑与人生》中说："自轻自贱的人，必定是自卑的人；或者说，自卑的人，必定是自轻自贱的人。"我们要说的是，自轻自贱的孪生兄弟，就是自卑。

一个自轻自贱的人，就算你的地位怎么高，财富怎么多，人家仍会觉得你有缺陷，仍会觉得你得改变。当我们说一个人没有出息的时候，主要的不是说他没有做出成就，没有成家立业什么的。而是指那个人自轻自贱，自己看不起自己，自己打自己耳光，自己不给自己脸面。

一个人相貌平凡一点、或者贫穷点都没关系，地位低些也没关系。这些都是外在的，是可以凭自己的努力改变的，或者说得极端些，不改变又怎么样呢？各人有各人的生活，只要不妨碍别人，不对不起别人，穷些苦些又怎么样呢？但如果一个人充满了自卑心理，那就麻烦了，那才是阻碍她（他）成功的真正障碍。

要想获得成功，你必须勇敢地战胜自卑！从现在开始，别怨艾自身的命运，要怀有超越平凡的梦想。要充满自信，要永不放弃，只要坚持这样做下去，未来和梦想一定属于你！从现在开始，你要学会——

把你的头
抬起来

有位女大学生，本来是个十分自信、从容的女孩。她的成绩在班级里出类拔萃，相貌也是一流的，追她的男孩子也特别多。毕业以后，她进了一家韩国驻华公司，成了外企职员。

没想到，一个月后，旁人惊讶地发现，原先十分活泼可爱、爱说话的她，竟然像换了一个人似的。不但说话变得羞羞答答了，连行为也变得畏头缩尾。而且总是显得特别不自信，和大学时候形成鲜明对比。每天上班前，她都要花上两个小时进行穿衣打扮，甚至不惜早起，少睡两个小时。她这么做，是怕自己打扮不好，长相不好，而遭同事或上司耻笑。在工作中，她更是战战兢兢、小心翼翼，甚至到了谨小慎微的地步。

是什么使她变化这么大？为什么原来活泼自信的她，到了韩国人的公司就变得自卑了呢？是韩国人的大男子主义文化熏染了她？那也不至于熏染得这么厉害呀！

那么，是她工作干得不好？——据说她的业绩还是一流的。

其实，原因十分简单。她的自卑感，主要原因在于她对周围环境的认识、对工作的认识，对同事与上司的认识，更主要的是对自己的认识。

到了韩国公司之后，由于发现韩国人的服饰举止都显得如此高贵，如此严正，她一下子就感觉到自己像个小家碧玉，上不了台面。她对自己的服装产生了深深的憎厌。所以，第二天她就跑到高档商场去了。可是，当时工资还没有发，她买不起那些名牌服装，于是，只好灰溜溜地回来了。

前一个月，可以说，她是低着头度过的。她不敢抬头看别人穿的正宗的名牌西服、名牌裙子，因为一看就会感觉到自己的穷酸。那些韩国女人或早进外企的中国女人，她们的服饰都是一流的品牌，走在路上裙带当风，而自己呢，竟然还是一副学生样！

想想这个，她几乎要哭出来。她恨自己的贫穷。

而服饰还是小事。她和同事们的另一个不同在于，她们平时用的都是高级香水，在她们所及之处，处处清香飘逸，而自己用的，只是一些劣质香水。

女人与女人之间，聊起来无非是生活上的琐碎小事。而所谓生活上的琐碎小事，主要的当然是衣服啦、化妆品啦、首饰啦什么的。而这些，她几乎是什么都没有。这样，她在同事们中间就显得十分孤立，也十分羞涩。有时候，她都恨不得找个地洞钻进去。

久而久之，在同事们面前，她怎么不自卑呢？

还有，其他同事工作起来风风火火，一天8小时，从第一秒到最后一秒，都是满打满算，而且，都要充分利用。这样，在平时的工作中，职员们都是全力以赴，大气都不敢喘一口，连上厕所都要跑着去。而她呢，刚从高校出来，一开始根本不能适应这种工作作风。

总之，这个女学生，如果不尽快适应这种环境，就难免出现矛盾。

于是，在第一个月她连连遭上司的训斥，每每给弄得委曲不堪，回到宿舍就躲在被子里哭。这样一段日子下来，她更觉得自己不如别人了。

还有一点让她觉得抬不起头来：刚进公司的时候，她还要负责做清洁工作。早上和晚上，刚上班时和将下班时，她都得拖地、擦桌子。早上还要打开水。第一天她还想提建议来着，可上司告诉她，新来的职员都要这样做的。看着同事们悠然自得地享用着她倒的开水，她觉得自己简直是个清洁工。这也加强了她的自卑意识。

由于以上这些原因，不到一个月，她竟从一个自信的人变成了一个自卑的人。

其实，她根本用不着自卑。她的这种自卑感，根本是"一厢情愿"的结果，是她自己跟自己过不去，是她自己的认识有误才导致的结果。

就生活来说，谁大学刚毕业就十分富足呢？美国人排世界富豪，根本不把那些封建王室诸如英国王室、日本王室等等排在里面，他们看得起的是白手起家的富豪，而不是靠继承遗产而发家的高官显贵。所以，一个大学刚毕业的人穷一点，别人根本不会介意。

至于工作，刚毕业的学生有个适应期、磨合期，这也是正常的。在磨合期里受点批评甚至训斥，应该是利于以后的发展。所以，这就更用不着自卑了。而给别人打开水什么的，其实，享受到这种服务的人，自己也替别人服务过，所以，他们也不至于看不起你。

所以，一个自卑的人，只要找到原因，是可以着手予以铲除的。

一个月后，这个女职员领到了工资。她立即就去买了衣服和化妆品，立即打扮一新。由于她本来姿色不错，长得比许多女同事都要漂亮，所以，一经打扮，她立即焕发风采。这样一来，她的自信心慢慢地就上来了。

再后来，随着工作时间的推移，社会阅历的增加，她的言行举止也开始得体、大方起来，慢慢地终于变得潇洒而从容。高雅的气质再加上得体的衣着，特别是本来就出众的容貌，使得工作才几个月的她，在她的女同事中，显得出类拔萃。

这样，在生活上，她不再像刚进公司时那样躲躲闪闪，畏畏缩缩了。在生活中和女同事聊天的时候，再也不会像以前那样感到无话可说、感到被排除在外了。相反，由于她的相貌和气质，她反倒成了中心人物。在这样的情况下，她的自卑当然是不治而愈了。

在工作中，同样也是如此。开始的时候，由于没有适应工作环境，她常常遭受上司的训斥。可是后来，她慢慢地适应了。而且，由于吸取了以前的教训，她反而干得更加卖力。她详细地分析了外资公司的运行情况，也详细地研究了韩国人的工作作风和工作习惯，努力地使自己全方位地去适应。结果，一段时间干下来，她不再遭受批评，反而屡屡获得表彰。一年以后，她就被提升为业务主管。

这个时候，自然而然，她是不会再给别人倒水了，倒是别人主动为她干这干那。

在这样的情况之下，她还会有先前的那种自卑吗？不可能再有了。先前的那种自卑，早就飞到九霄云外去了。这真应了一句老话："来得快，去得也快。"现在，她每天活得开朗而自信，充满欢乐的笑声。

用自信之心
燃烧你的职场之火

小郭：说了这么多，究竟什么才是真正的自信？

佟大姐：自信是一种积极的态度和向上的激情，它是成功的最初驱动力。无数经验告诉我们，自信可以使一个人释放出巨大的潜能，顺利完成看似不可能完成的任务。花木兰因为自信，才谱写了代父从军的壮丽篇章。真正的自信，是胸有成竹的镇静，是虚怀若谷的坦荡，是游刃有余的从容，是处乱不惊的坦然。

因此，面对平等的机遇挑战，女人应该让自信点燃自己的工作激情。

有一个墨西哥女人和丈夫、孩子一起移民美国，当他们抵达德州边界艾尔巴索城的时候，她丈夫不告而别，离她而去。留下她束手无策地面对两个嗷嗷待哺的孩子。22岁的她带着不懂事的孩子，饥寒交迫。虽然口袋里只剩下几块钱，她还是毅然地买下车票前往加州。在那里，她给一家墨西哥餐馆打工。从大半夜做到早晨6点钟，收入只有区区几块钱。然而她省吃俭用，努力储蓄，希望能做属于自己的工作。

后来她要自己开一家墨西哥小吃店，专卖墨西哥肉饼。有一天，她拿着辛苦攒下来的一笔钱，跑到银行向经理申请贷款，她说："我想买下一间房子，经营墨西哥小吃。如果你肯借给我几千块钱，那么我的愿望就能够实现。"一个陌生的外国女人，没有财产抵押，没有担保人。她自己也不知能否成功。但幸运的是，银行家佩服她的胆识，决定冒险资助……15年以后，这家小吃店扩展成为全美最大的墨西哥食品批发店。她就是拉梦娜·巴努宜洛斯，曾经担任过美国财政部长。

这个平凡女人之所以能成功，自信无疑是其最大的驱动力。自信使她白手起家寻求生路；自信给了她战胜厄运的勇气和胆量；自信也给她带来了聪明和智慧。

其实，任何人都会成功，只要你肯定自己、相信自己一定会成功，那么你将如愿以偿。

成功者说：请添一份自信的奢侈品。这个时代充斥着物欲的身影和浮躁的气息，自信在不经意间就成了一种奢侈。时下所谓的自信，多流于无知的轻率或任性的固执，或目空一切，或刚愎自用，或一意孤行。人们把目光短浅的狂妄叫做自信，却不在意其盲目。人们把阻言塞听的自负叫做自信，却不在意其狭隘。人们把掩耳盗铃的鲁莽叫做自信，却不在意其愚昧。自信仿佛成了点缀个性的奢侈之品，体现性格的装饰之物。

自信不是初生牛犊不怕虎的意气，也不是搬弄教条经验的冥顽。自信不是孤芳自赏，不是夜郎自大，也不是毫无根据的自以为是和盲目乐观。自信的魅力在于它永远闪耀着睿智之光。它是深沉而不浅表的，是一种有着智慧、勇气、毅力支撑的强大的人格力量。

真正自信者，必有深谋远虑的周详，有当机立断的魄力，有坚定不移的矢志，有雍容大度的豁达。它蕴涵在果决刚毅的眉宇之间，是夸父追日，生生不息。它潜藏在宽阔博大的襟怀之中，是高瞻远瞩，胸怀全局。它浮现在力挽狂澜的气势之上，是审时度势，取舍自如。

我有一个朋友曾经漂洋过海，爬山涉水，干过一番大事业。她的成功就来自于她的自信，她真正明白了自己的能力和什么东西才能使自己感到满足。她也知道什么场合应如何穿着打扮，什么客户应以何种方式来接待，什么事情应怎样下决心……我们有很多人总是优柔寡断，可是我这位朋友却不同。她看问题很透彻，做决定也迅速。多数人之所以犹豫不决，主要是她们对自己缺乏自信。

一个女孩子花了一个小时的时间选购了一件衣服，可是当她回家时，立刻又不喜欢了。另一个女孩，她的家里什么家具也没有，这是为什么呢？因为她恐怕买的不合适，所以干脆不买了。第三个女孩，她绝不当场回答关于生意方面的问题。她总是说："我要考虑一下再回答你。"即使是最简单的问题，她也是这样答复你，她总是优柔寡断。

遇事犹豫不决，这正是不自信的表现，也无疑是很多人失败的原因。

如果你的能力并不比别人差，你的意见也不比别人差，你的观察力也不比别人差，你何必犹豫呢？你要自信一点，只要决定了，你就可以大胆放手去干。

树立自信心是需要胆量的，缺乏胆量或过分的自我批判就会削弱自信。尤其对于女人，这一点显得特别重要。因为很多女人天生胆小，她们像小鸟般容易受到惊吓。所以，自信的女人一定要勇敢一点。当然，这并不是说男人不需要自信。但相对而言，我们不得不承认，许多女人的自信已经被世俗的偏见给绞杀了。尽管她们有种种渴望成功的冲动，却在一念之间归于沉寂，她们在相当长的一段时间里甘心充当男人的附属。由此可见，当社会转型的大时代来临之际，面对平等的社会地位和相同的机遇，女人让自信的火把点燃自己，是多么重要。

乐观的态度、自信的人生，是充实而又富有的，是另一种别样的财富，这种财富只有拥有了乐观自信的人才会拥有它。女人在事业之路上，一定要学会养成这种好习惯，才会在今后的成功发展中增加许多动力的来源。

[不丢自信，
不轻言放弃]

小郭：我发现一个有趣的现象，同是享用一盘水果，有的人喜欢从最小最坏的吃起，把希望放在下一颗，感觉吃过的每一颗都是盘里最坏的，这盘水果就彻头彻尾成了一盘坏水果了。相反，有的人喜欢从最好最大的吃起，那么吃下去的每一颗都是盘里的最好的，美好的感觉可以维持到最后。

佟大姐：这是一种奇妙的非逻辑性的感觉，充满心理错觉和心理暗示。主动与被动仅一字之差，但生命情调却如同吃这盘水果，神情感觉悬隔万里。

小郭：自信与自卑，是不是也同样如此呢？

佟大姐：是的。同是阴雨天气，自信的人在灵魂上打开一扇天窗，让阳光洒在心里，由内而外透射出来，神采奕奕精力充沛，温暖让你感觉得到。自卑的人却在灵魂上打了一排小孔，让阴雨渗进去，潮湿的霉气散发出来，她站在阴暗的边缘，一不小心都看不出来。再比如，同是看一个人，一个比自己优秀的人。自信的人懂得欣赏，并在欣赏的过程中充实自己，相信"我可以做的更好"；自卑的人萌生嫉妒，并在嫉妒的过程中不断丑化对方，让自己相信"原来我看错了"。

小郭：我觉得，在这一点上，女人最容易因容貌问题而缺乏自信。漂亮的女人总是自信满满，甚至过分自傲；而相貌平庸的女人，却普遍自卑。

佟大姐：相貌的美丑是先天的，我们无法为自己选择，但我们不能因为相貌微瑕就为此失去自信，世上的事都不是绝对的，有些外表不美但智慧美、心灵美的人同样可以以其精神面貌成为强者。关于这一点，我也可以给你举个例子——

战国时期的钟离春，是我国历史上有名的丑女。她额头向前突、双眼下凹、鼻孔向上翻翘、头颅大、发稀少、皮肤黑红。她虽然模样难看，但志向远大，知识渊博。当时执政的齐宣王政治腐败，国民昏暗，"朝政大厦，顷刻将倾"。钟离春为了拯救国家，冒着杀头的危险当面向齐王陈述国之劣政，并指出若再不悬崖勒马就会城破国亡。齐宣王听后大为震惊，把钟离春看成是自己的一面玉镜。他认为有贤妻辅佐，自己的事业才会蒸蒸日上，正所谓妻贤夫才贵。这个身边美女如云的国王，竟把钟离春封为王后。

貌丑的钟离春并不因此而自卑，却用智慧美、品德美取代了相貌丑。她之所以那么胆大、"狂妄"，就是因为她自信。自信能给强者勇气、力量和智慧，敢于做别人不敢做甚至不敢想的事；自信，可以一个残疾人与健康人并驾齐驱并超越他们；自信可以使一个靠打工起家的女人成为富甲天下的老板……自信可以使人有骨气、挺起腰杆做人，面对强大的敌人毫无惧色，反而会使敌人胆怯。

拥有自信，是成大事的女人必备素质，也是人一生中最宝贵的财富。然而，有时候自信心也很容易受到挫折的打击，从而变得动摇起来。这时候，你还要学会坚持。

在成功者中，有一个简单的共通原则，即是"不轻言放弃"，在每一个方面都是如此，比如说一个非常有名、业绩辉煌的运动员，他总有陷入低潮的时候，在这时，只有坚持下去，绝不放弃的人才能保持昔日的辉煌，获得最后的成功。

其实，从根本上来说，所谓的成功者都是永不放弃的人。我们可以看到，造成中途放弃的因素很多，有些是因为感觉到自己的才能无法得到发挥，有些是没有勇气与信心坚持下去……而这些原因归结到一点就是缺乏自信。因此，若要避免"放弃"，就必须要对自己的能力有信心，同时要经常想像自己成功时的模样。这样，你就会感到有一种动力支撑着你锲而不舍地努力下去。

另外，还有很重要的一点，便是真切地认识到自己在社会中的定位。了解自己是实现对自己有信心的基础，同时也可以避免自大、自傲。比如在择业的时候，了解自己适合于做什么工作，在哪方面才能做出业绩，为自己找一个适合的定位，那么，才有可能在自己最拿手的行业中取得成功。相反，如对自己认识不够，去选择那些"热门"但却不适合自己的工作，是根本不可能成为一个成功者的。

你要相信，你和成功相隔并不遥远。就像在有雾的天气看近处的一盏路灯。灯光暗淡，光影模糊，感觉很有一段距离。然而等太阳出来，云雾散去，才发现原来那盏灯就在眼前。成功者之所以会成功，正是因为他们充满自信，并且在困难、挫折面前永不放弃。

心态越好，
突破越易

如果你不幸遭遇到了降职的命运，千万不要立刻就乱了方寸，胡思乱想，再也无心工作或者索性破罐子破摔，就此沉沦下去。你应该耐心寻找原因，重新振作起来，寻求新的突破。

视降职为
提拔前的历练

　　职场中风云变幻，当你满怀信心全心全意地为公司打拼时，却因为一时的疏忽而给公司造成了损失，结果遭到了被降职的命运。

　　此时，你愤懑、悲观、失望，甚至就此沉沦，得过且过，瞎混日子，那么，你的职业之路就会越走越窄，你的职业发展前景也势必会一片黯淡。

　　张勇是一家公司的部门主管。临近年底，不少人都因为工作出色而升了职，而张勇却因为工作上一次偶然的失误被降职了。在那个职位上他曾经付出了太多艰辛的汗水和辛劳，五年的时光，他带领他的团队，一次次以出色的成绩为公司赢得了荣耀，不断受到领导赞扬与嘉奖，也赢来了其他部门同事更多美慕的目光。

　　俗话说得好：大意失荆州。前些日子，在为单位做新产品的销售推广方案时，因为他工作一时的疏忽险些给公司造成巨大的损失，虽然及时加以补救，但还是不可避免地给公司造成了一些负面的影响，于是就在前天上司宣布张勇被降职了。为此，张勇感到伤心、沮丧和迷茫。虽然本部门的同事还像以前一样对待他，但他心里却背上了沉重的负担，他明白，其实很多人心里多少还是有一些兴奋与得意的。人，毕竟是复杂的，有不少人就是不希望看见别人顺心如意，最好看见别人倒霉了他们才高兴。其实，张勇也想过离开，但是心有不甘同时也有些舍不得这份工作，毕竟自己在这个公司也呆了十多年了，工作上也取得了一些成绩，虽然被降职了但也不能因此否定自己的工作成绩。再说自己也是快 40 岁的人了，找到一份如意的工作并不容易，而且上有老下有小的，不能因为自己的得失而影响到亲人们的生活。可是每天面对同事们，他就有一种如坐针毡的感觉，总觉得他们的眼光中充满了嘲笑和讥讽。这让他无法安心工作，工作效率也因此大打折扣，他很苦恼，不知道自己今后该怎么办了。

此时，你要做的就是积极地应对，调整好自己的心态，奋发图强，以更大的热情投入到工作当中，那么，你就可以变被动为主动，机遇也会重新光顾你。你就能够再度获得晋升的机会。

陈凯和刘涛同时被一家公司聘用，他们俩工作都十分认真、努力。3年后，陈凯升任销售部主管，刘涛升任为品管部主管。两人又勤勤恳恳工作了两年，取得了卓著的业绩。他们本以为不久就会有晋升的机会，却不料上司发布了一道任命：让陈凯和刘涛分别到两个偏僻的地方担任分厂厂长。

陈凯听到这个消息时，心中一震，他本是总部的部门主管，现在却要去一个偏僻的分厂搞生产管理，岂不是被降了职？这样一想，不禁心灰意冷，总觉得自己这几年的努力都白费了。

到了分厂之后，陈凯再也不努力工作了，而是简单应付了事，什么事都交给别人。可是第二年初，他突然听到一个惊人的消息："刘涛已经被调回总部，而且荣升公司副总经理之职。"陈凯傻眼了。直到此时，他才知道，刘涛自到了分厂就任后，不断学习管理方面的知识，对市场行情多方了解，而且对材料的采购也有了新的思路，曾先后8次回总公司汇报工作情况，他的报告资料详尽，提出的新见解也让公司降低了成本。

陈凯到此时才明白，公司将他们两个"降职"的真正原因，实际上是提拔前的锻炼。他不禁懊悔万分，但为时已晚。

如果你不幸遭遇到了降职的命运，千万不要立刻就乱了方寸，胡思乱想，再也无心工作或者索性破罐子破摔，就此沉沦下去。你应当积极地从以下几个方面做起。

一、尽力寻找被降职的真正原因

一般情况下，公司不会无缘无故地降低你的职位。如果公司降你的职一定是有原因的，只是你还不清楚罢了。可能是你得罪了哪一位高层领导，也可能是受了别人的排挤，更有可能的是公司想给你一个重新学习的机会。这诸多的原因一时之间让人摸不着头脑，看不清事实真相。

如果你功高盖主，那么就要学会把功劳归于上司，工作中尽量做到低调谦虚。如果是因为上司在气头上才决定降你的职，那么你就要心甘情愿地当他的一个出气筒，然后找个合适的时机在同他好好沟通。

如果你不慎得罪了小人，遭人暗算，那么你在以后的工作中就要学会谨言慎行，不给他人留把柄。不让小人有机可乘。

二、利用降职的机会学习

不管公司出于什么目的而降你的职，只要你被降职了，就意味着你需要学习，需要提高。只有努力提升自我，才可能有出头之日的一天。

当然，降职并不一定就意味着日后会受到重用，但从长远的发展看，在你不断提高自己的能力后，自然会有自己施展拳脚的空间。

胸怀博大地
看待职场变化

人生如梦，风水轮流转，三十年河东，三十年河西。假如忽然有一天，自己的下属一跃成为顶头上司，那么这样的局面该如何应对呢？

有的人可能会觉得很尴尬，不知道该怎样和曾经的徒弟相处；有的人会采取敬而远之的态度；有的人则采取忍耐的态度，慢慢地和他搞好关系……

面对同一个问题，答案五花八门，归根结底就是，大多数人都会有所顾虑，不能一下子适应，进入状态。但是人在职场，身不由己。作为职场中人，面对变幻莫测的职场人生，当自己遇到这种情况的时候，要如何去面对呢？

2006年，在某公司工作的张军刚刚被公司提升为销售部主任，这时，一个叫刘健的小伙子拿着简历来到公司的销售部进行面试，因此张军便成了主考官。当时刘健给张军的印象是挺有魄力的，而且也有工作经验，再说他们又是同乡，于是就把他留下了。

事实证明，张军没有看错人，刘健刚刚工作半年就已经取得了非常好的业绩。但由于公司的发展空间不是很大，一年后刘健从这家公司辞职了，后来又应聘去了一家药品公司。凭借多年的销售经验，经过3年的打拼，刘健做到了该药品公司华北市场部部长的位置。

一次偶然的机会，刘健与张军谈起，想让张军帮助自己开拓石家庄市场。在刘健的一再恳求下，2010年年底，张军从原单位辞了职，直接进到药品公司做起了销售，今年年初，由于业绩优秀被提升为石家庄市场部经理。

在曾经的徒弟手下做事，张军心里多少还是有一些不平衡的。他觉得自己的能力并不比刘健差，而且以前他还曾经是小刘的上司，怎么现在就来了个180度的大转弯，他反而要听命于曾经的下属呢！这让他心里很不舒服。

张军还感到自从刘健成为上司后，和他的关系明显地疏远了。以前他们俩的关系处得非常好，几乎无话不谈，现在刘健变成了刘部长，两人之间似乎有了很大的隔膜。一见面刘健的话也少了，偶尔说起来也是客套几句，即使笑起来也是充满深意。刘健的转变让张军非常不适应，现在他们除了谈工作以外几乎很少谈私事，对于以前的经历他们几乎不再谈起，好像根本不存在。

处在这种状况下，张军心里很失望也很愤懑。他甚至有点嫉恨自己的上司了。如今上司、下属位置关系的对调，使得他们原本融洽的关系变得越来越紧张了。

张军之所以会产生"失望"和"愤懑"的情绪，其原因之一首先源于情感的失落。当年他录用刘健的原因之一是老乡关系，刘健当时与他无话不谈，让张军有一种找到"知己"的感觉。这让他很开心，填补了张军情感的空白。如今的刘健变成张军的上司，角色的转变必然使行为处事的风格有所改变，张军觉得他们之间越来越疏远了，再也体会不到当年刘健的热情。这让他觉得心里十分失落。

其次，是由于张军心中的嫉妒情绪在作祟。因为他认为自己的能力并不差，而且有资历、经验也较丰富。凭什么曾经的下属一夜之间就爬到了自己头上，这让他心里很不平衡。因此，才渐渐地产生了嫉恨的情绪。

其实，大可不必如此。职场就是人生的缩影，什么事情都可能发生。人与人之间的关系不可能是一成不变的。夕日的下属不知何时就可能一跃而成为上司。一个人能从下属越级到上司，必定有他的过人之处。既然你不能改变这种境遇，你就只能调整好自己的心态，接受眼前的事实。职场上不必事事较真，谁来做自己的上司，本质上并没有什么区别，你需要做的首先是踏踏实实地做好自己的本质工作，良好的业绩是最好的证明；其次是克服自卑情结，要在现有的职业中寻找新的生机，而不是立刻换个环境。第三要积极改善人际关系。无论人事如何变化，都要从积极方面看问题，不断改进和完善自我个性。

人在职场，一定要克服自卑、猜疑、嫉妒的心理，放下不许失败的心结，以博大的胸怀理解和包容周围的人和事。体验职业生活带给自己的快乐。

学会
自我激励

"职场如战场。"这句话用在当今竞争激烈的职场上真是再恰当不过了，职场风云，谁主沉浮？

初入职场者必定会有诸多的不适应，却怎奈无人能够指点迷津。在职场沉浮几载的人，难免身心疲惫，日复一日单调的工作，复杂的人际关系，让他们渐渐变得麻木，对工作的激情也慢慢地消磨殆尽了。

不少人犹豫过，彷徨过，如何才能对工作产生新的热情？怎么才能获得晋升的机会，要不要放弃这份如同鸡肋般的工作，如何突破职业瓶颈？这诸多问题想必很多职场人士都在寻找答案。要想让自己重获工作激情，职业生涯有更好的发展。自我激励是必不可少的。大家可以尝试从以下几个方面做起。

一、不断突破和挑战自我

工作中如何保持激情？答案是不断寻求突破和挑战自我。这是保持职业生涯长盛不衰的秘诀。不要贪图舒适安逸，可以做暂时的休整，这是为了准备迎接下次挑战之前刻意放松自己和恢复元气的一种方法。休息之后就可以轻装上阵了，向着心中的目标全力冲刺。

不妨在工作中挑战一些有难度的事情。你战胜的困难越多，距离成功之路就越近，成功的真谛是：对自己越苛刻，生活对你越宽容；对自己越宽容，生活对你越苛刻。

二、保持积极乐观的心态

科学研究表明，人在开心的时候，体内会发生奇妙的变化，从而获得新的动力和能量。因此，要保持积极乐观的心态，不断激励自己。在工作中自然能够精力充沛。

三、确立一个远大而具体的目标

许多人发觉，他们之所以达不到自己孜孜以求的目标，是因为他们的目标过于渺小而且模糊不清，使自己失去了为之奋斗的动力。如果你所设立的目标不能激发你的想象力，目标的实现就会遥遥无期。因此，真正能激励你奋发向上的是，确立一个既宏伟又具体的远大目标。

四、加强紧迫感

很多人都认为死亡对于自己来说是一件非常遥远的事。他们认为自己有的是时间来规划自己的人生和事业。因此，他们把大把的时间浪费在一些毫无意义的事情上。任宝贵的时间一点一点地流逝了。其实，人生苦短，时间比黄金要宝贵得多。黄金有可能失而复得，但时间却不能从头再来了。因此，一定要珍惜时间，当走上社会后，就要尽早地筹划自己的事业，这是塑造自我的最关键的一步。

五、选择积极乐观的朋友

要远离那些消极悲观的人。所谓"近朱者赤，近墨者黑"。与愤世嫉俗的人为伍，你就会不自觉地受他们的影响，慢慢地沉沦下去。结交那些积极乐观向上的人，你就会在追求快乐和成功的路上迈出最重要的一步。热情是最具有感染力的。同乐观的人为伴能让我们看到更多的人生希望。

六、增强战胜困难的信心和勇气

很多人一遇到困境就习惯性地采取逃避的方式。其实，这根本无助于事情的解决。而且还会使事情变得更糟。所谓"困难像弹簧，你弱它就强"，如果你有战胜困难的信心和勇气，想法设法地克服困难，那么你就一定可以摆脱困境，拥有柳暗花明的那一天。

七、做好调整计划，制定属于自己的时间表

无论生活还是工作，都不可能是一帆风顺的。总是有高潮有低谷。当觉得自己的工作状态不好，精力不济时，可以安排一定的时间让自己放松、调整、恢复元气。只有这样，在你重新投入工作时才能更富激情。

八、感受属于自己的快乐

快乐是天赋权利。任何人都无法剥夺自己创造快乐的权力，除非你自己放弃享受快乐的权利。你要不断地给自己积极的心理暗示，我的自我感觉很好，我是快乐的，这也是塑造自我的一个过程，它会使你在塑造自我的整个旅途中都充满了快乐。而不必非要等到成功的最后一刻才去感受欢乐。快乐是无处不在的。

九、立足现在，把握未来

学会活在当下，要着眼于今天把握好未来。制定好明确的目标后，就要脚踏实地地、一心一意地朝着目标冲刺，意志不坚定或者半途而废只能与失败结缘。

十、敢于竞争，快乐竞争

当今社会，竞争无处不在。无论你多么出色，也会有人超过你。因此，应当保持谦虚的态度，相信人外有人，天外有天。同时，要敢于竞争，善于竞争，带着快乐的心情去竞争。超越别人并不是目的，最后你会发现其实超越别人远没有超越自己更重要。

十一、经常自省，塑造自我

很多人都会在意别人怎么看待自己。他们往往通过别人的评判来了解自己，把自己的个人形象建立在别人身上，其实这是很愚蠢的行为。会严重地束缚住自己的手脚。每个人都肩负着塑造自我的使命。所以，要经常反省自我，自己了解自己吗？自己对自己的评判是不是有偏差，有则需要及时修正，让自己变得越来越好。

十二、学会在危机中求生存

危机最能考验人的意志。同时危机当中也蕴含着机遇。成功者与失败者的分水岭，就在于前者能够直面危机，竭尽全力地去克服一切困难，直到闯过道道难关走向胜利；而失败者却像鸵鸟一样把头钻进沙子里，试图躲避危机，指望危机会自动消失，这无疑是愚蠢的行为。所以，要学会直面危机，不抛弃，不放弃，勇敢地战胜一切困难。

十三、敢于犯错

很多人不敢放手做事，是因为惧怕犯错误。因此他们工作中总是得过且过，停步不前，数年还停留在一个水平上。职业发展前景一片黯淡。

默多克说："每当我成功攀越一个顶峰时，我都会反复提醒自己，不要怕犯错位，要勇敢地再向前迈一步，不能原地踏步，固步自封。"就这样，他才最终走向了成功。

十四、小事中塑造自我

塑造自我的关键是甘做小事，对于那些优秀的员工来说，他们不会对工作中的小事或细节敷衍应付或轻视懈怠，他们常常是在做小事的过程中，发挥了耀眼的光华，得到了老板的赏识登上了更大的舞台，从而开始了一段叱咤风云的职场路。

十五、工作使人生更有意义

工作是人生不可或缺的一部分，一个人抱着什么样的态度去工作，也就是抱着什么样的态度去生活。卡尔文·库艺说："人生真正的快乐不是无忧无虑，不是去享受，这样的快乐是短暂的。缺少一份充满魅力的工作，你就无法领略到真正的快乐。"

保持良好心态，才能释放潜能

职场是我们拼搏的舞台。职场如战场，打好每一次战斗，我们才有可能从普通士兵中脱颖而出，成为众人瞩目的"将军"；做好职业人，我们才有可能成为自己命运的主宰者。

在职场打拼几年后，二十多岁的你已经不再如刚毕业那样青涩懵懂了，你拥有了经验、能力、业绩以及业界的口碑，成为了职场精英。因此，如果把你和一个职场新人放在一个起跑线上时，你就会感觉不平衡。

高阳最近因为工作而陷入苦恼中。他在一家大商场里工作，该商场为全国连锁的商场，他是一类产品的采销主管，其直接领导就是采销总监。

高阳已经做了三年的采销主管，他的顶头上司调走之后，自信满满的他以为上级领导会直接提拔他为采销总监，但是，出乎他意料的是，一个刚毕业的名牌大学毕业生居然神奇般地成了采销总监。

为此，高阳郁闷极了，一见到朋友就大倒苦水："我在公司都干了多久了，他刚毕业的一个小屁孩，除了学历高点，理论懂得多点，他知道个啥？居然天天在我面前指手画脚的。真让人生气。"朋友开导他说："其实你也不必愤愤不平啊，职场向来只用业绩来说话的。虽然你已经做了三年的采销主管，有一定的工作经验，但是这些都只能说明过去的成绩。并不能代表现在啊！如果你想证明自己，那就要把心态放平，把自己当作新人来看待。否则，你不但心里得不到平衡，工作上也难取得更大的成就。"

听了朋友的话，高阳默不作声了，他觉得朋友的话很有道理。

对纵横职场的精英来说，要想让自己的职业生涯有更大的发展空间，除了经验、能力、业绩以及业界的口碑之外，更要调整好自己的心态。以平和、宽容的心态对待一切人和事。

不良心态不仅影响你的工作状态和工作效率，同时还会破坏你的人际关系，引起一连串的连锁反应。不仅破坏了你和他人之间的和谐气氛，导致人际关系恶化，还可能失去老板的信任，甚至使得赖以生存的饭碗不保。

有这样一个故事：

杨平在一家大型企业做中层经理，她的能力得到了大家的认可。无论文化水平、还是工作能力，均是公司一流的人才。平时，杨平为人热情大方，率真自然，在公司里人缘很好。老板对她也是给予充分肯定的。

有一次，公司提拔了一个无论是资历、还是能力和业绩都不如她的女同事。杨平非常生气，她觉得老板就是偏心，对这位女同事关爱有加，什么升职、加薪等好机会都想着她，好事几乎都让她承包了，眼看各个方面都不如自己的同事，一年之内被提拔了三次，可自己却依然如故还是老样子。老板还想视而不见，只是一个劲敌让她好好工作，而好机会却总没她什么事。

杨平越想越气，甚至已经到了忍无可忍的地步了。这天一上班，她就气冲冲地跑到了老板的办公室，大声地质问老板，要老板"给她一个合理的解释"。尽管老板早有应对的准备，但还是被她闹了措手不及，这让老板十分尴尬。

从那以后，杨平就受到了老板的冷落，她心里更加窝火了，工作情绪因此受到很大的影响。同事们也都用异样的眼光看她。这让她又气又急，自己怎么也想不通为什么工作干了一大堆，领导安排的任务都能保质保量地完成，可为什么升职总是没有自己的份儿呢？

其实，故事中的这位员工吃亏之处就在于没有把心态调整好，任由不良的情绪像脱缰的野马一样蔓延开来，这在职场可是犯了大忌。一根火柴几分钱，却可以摧毁一栋数千万元的房子。能力不够不一定会成功，但是心态不好却一定不会成功，而且还可能毁了自己在职场中的前途。

当今职场，竞争已经达到了白热化的程度，要想找到一份满意而又稳定的工作并不容易。要想在职场上打拼出一片属于自己的新天地，就一定要调整好自己的心态，因为不如意的事随时随地都可能发生。我们改变不了环境，我们能够改变的只是我们的心态。

如果换一个角度来说，我们不妨感谢那些折磨我们的人和事，因为经过了他们的"磨炼"，我们以后再遇到什么样的难题都不怕了，难道不是么？只有那些那些拥有良好的心态，懂得调节自己，能从公司长远利益考虑的人，才能最大限度地发挥自己的潜能，展现出自己最佳的形象，也才能够有更好的发展前途。

不惧失败，
不过是重新开始

人生的道路是不平坦的，无论是生活中还是工作中我们都难免遭遇挫折和失败。可以说，失败就是我们的必修课，其实，失败未必是坏事。我们从失败中一样可以获得收获。如果一个人因为失败过一次，就不敢再去尝试了，那他的一生都将注定是失败的。

其实，我们不妨可以换个角度看待失败，人生没有失败，只有失败者，而最大的失败者就是那些被失败打倒了，就从此一蹶不振的人。失败对于我们也是一种宝贵的财富。这个世界上没有谁是永远成功者也没有谁是永远失败者，只是我们看待成功和失败缺少一种理性的心态。

在美国，有个名叫道密尔的企业家，他专门收购那些濒临破产的企业，而这些企业经他经营之后，又一个个起死回生。有人问他："你为什么总爱收购那些失败的企业来经营？"道密尔回答："别人经营失败了，我接过来就容易找到失败的原因，只要吸取教训，用心经营，自然就会赚钱，这比自己从头干省力多了。"道密尔的聪明之处在于他懂得失败是一笔宝贵的财富，别人不行的，他能行，别人跨越不了的，他能够跨越，能把别人的失败转变成自己的财富。这就是他成功的秘诀。

泰戈尔诗中有句名言："当你把所有的错误都关在门外，真理也就被拒绝了。"这句话寓意深刻地向世人揭示出错误与失败当中所蕴含的宝贵价值。

美国有一个叫罗伯特的人，用几年的时间收集了7万多件"失败产品"，然后创办了一个"失败产品陈列室"，并一一配上了言简意赅的解说词。由于这一展览构思独特，立意巧妙而且能够给人以真实深切的警示，因此吸引了络绎不绝的参观者，这给罗伯特带来了滚滚的财源。

美国总统罗斯福说："采取一种方法，并进行实验，这是常情。如果失败了，就坦率地承认，再去做新的尝试。"失败是蝴蝶羽化中刺破茧壳的锋利宝剑，失败是凤凰涅槃时化腐朽为神奇的熊熊大火，失败是病蚌孕育珍珠必不可少的一粒原矿砂。失败是人生成功的垫脚石，失败就是一笔真正的而又难得的的财富。

在挫折与失败面前，有积极心态的人，能尽快摒弃失败的阴影，投入到下一次的挑战中，这样的人也必定能收获成功的果实。当人们以坚定不移的信心和坚持不懈的努力去克服各种困难和失败的时候，幸运就会翩然而至。

有个青年去微软公司应聘，但该公司并没有刊登过招聘广告。见总经理疑惑不解，青年用不太娴熟的英语解释说自己是碰巧路过这里，就贸然进来了。总经理对他产生了兴趣，就破例让他一试。谁料青年的表现很糟糕，让总经理很失望。青年自己解释说是因为太紧张了，而且事先也没做什么准备。总经理认为他不过是给自己找个托词下台阶，于是就随口说道："等你准备好了再来试吧。"

一周后，青年再次走进微软公司的大门，这次他依然没有成功。但比起第一次，他的表现好多了，总经理给他的回答依然同上次一样："等你准备好了再来试吧。"就这样，这个青年先后五次踏进微软公司的大门，五次均被拒绝了，但他并不灰心，依然坚持不懈，最终被公司录用了，而且成为公司的重点培养对象。

其实，成功者与失败者之间，最大的差异就在于意志的力量，即失败了有没有从头再来的勇气，有没有在成功到来以前再坚持一点点的决心，若具备了坚持不懈这种可贵的品质，你就能克服各种困难，最终取得成功。

有记者曾采访长期埋首于发明的爱迪生："爱迪生先生，你目前的发明曾失败过一万次，你对此有何感想？"爱迪生回答说："年轻人，你懂什么叫失败吗？我并没有失败过一万次，我只是发现一万种行不通的方法。"

所有的成功，都是在经历了很多次失败后获得的，而一个真正的强者，是不会被失败所打倒的。拿破仑说：光荣的成功不在于永不失败，而在于屡败屡战。

拿破仑正是在一次一次的失败后，依然昂首挺立，用强者的姿态去迎接更大的挑战。所以才有叱咤风云的法兰西第一帝国。失败就是成功外面包裹的那层岩石，当你敲掉这层岩石后，你会发现原来获得成功并没有想象当中那么困难。

成功不仅需要智慧，还需要勇气。在残酷的现实面前，我们一定要坚强，如果我们能以大无畏的精神去克服一切困难，那么我们的人生就会少了很多失败。大多数的成功者在走向成功之前，都经历过失败，而且是多次的失败。然而无论如何，他们都没有放弃。他们所做的只是从头再来。所以最后，他们取得了成功。对很多人来说，"失败"这个词有一种结束的意味；然而对于强者来说，失败就是个开始，是重新努力的跳板。就算是失败了，大不了从头再来。

李丽现在拥有属于自己的一家公司，而且经营得红红火火，业务蒸蒸日上。但她在刚开始创业的时候，却是异常艰苦，因为没有足够的资金，只好去路边摆地摊，每天风里来，雨里去，经过几年艰苦的努力，终于积攒了一些钱。后来，她拿着这些钱，在街边租了个小摊位。

李丽做生意很有眼光，卖的东西都是别的摊贩没有的，再加上她服务态度好，人也很细心，因此，生意越来越好，钱也越赚越多。

再后来，李丽拿着这些钱又在临街上开了一个很大的门面，生意是越做越大了。可是一次意外的大火，把所有的货物付之一炬。10多年的心血一瞬间化为乌有，李丽当时的心情可想而知。熟悉李丽创业经历的人都为她感到惋惜。但是坚强的李丽振作起了精神，擦干了眼泪，重新在街边摆起了摊。李丽对自己说的最多的一句话就是："没什么了不起的，大不了从头再来。"后来，经过几年的艰苦打拼，李丽又开起了自己的公司。她在别人眼里成为了不折不扣的女强人。就是凭着坚定的信念和在困难面前永不服输精神，她才克服了一个又一个的困难，最终走向了成功。

如果李丽在失败面前一蹶不振，一味地自怨自艾，那么就永远无法品尝成功的甜美果实。人生就是要有从头再来的勇气，惟有不怕失败，不怕困难，才能迎来成功。

在成功面前，人人平等，在失败面前也一样人人平等。但是成功更青睐强者，失败却喜欢光临弱者。真正的强者就是跌倒了再爬起来的人，真正的强者就是失败了也能从头再来的人，他们用自己的智慧和勇气抒写着属于自己的辉煌人生。

马云先生曾经在央视《赢在中国》栏目中说："不要光学习人家成功的经验，更要多学习人家失败的教训。因为成功的原因有千千万万种，而失败的原因却往往都差不多。"失败其实并不重要，重要的是我们在失败后怎么做，失败者与成功者的区别不是在于他们失败的次数多寡，而是在他们失败后有什么不同的态度和作为。

失败是成功之母，也是成长的一部分，如果你避开失败，也就等于避开了成功，如果我们因为害怕失败而避免去做一件事，也就丧失成长的机会。成功没有一定的法则可以追寻，不过你却能够从失败中学习到许多宝贵的经验。

1958 年，富兰克·卡纳利在自家杂货店对面经营了一家比萨饼店，筹措他的大学学费。后来他的店发展成了连锁店就叫做"必胜客"。卡纳利曾经说："我做过的行业不下 50 种，而这中间大约有 15 种做得还算不错，那表示我大约有 30% 的成功率。可是你总是要出击，而且在你失败之后更要出击。你根本不能确定你什么时候会成功，所以你必须先学会失败。"在卡纳利看来，成长是一个"错了再试"的过程。失败的经验和成功的经验一样可贵。从失败中学习，也意味着从经验中学习。因为前面一次又一次失败，其实就是获得了如何走向成功的经验。

"必胜客"在奥克拉荷马的分店失败后，卡纳利懂得了地点店面装潢的重要性；在纽约的销售失败后，他研发出了另一种硬皮的比萨饼。就是因为必胜客懂得从失败中吸取经验教训，所以每失败一次，就离成功更近一步。伟大的失败与出色的成功一样有价值。

纵观那些成功者之所以能够取得成功，就在于他能够在逆境中做到不抛弃，不放弃，在绝境中选择从头再来，那么失败就成了他前进路上新的起点，激励着他去克服一个又一个的困难，最终走向成功。

踏实工作不断学习
是突出重围的最佳途径

在职场上打拼了几年之后，事业常常会不自觉地陷入到一种半停滞状态，人就会感到很困惑，不知道该怎样走出这种低谷。当职业发展陷入困境，该怎么办呢？优秀的员工首先考虑的不是跳槽，而是把手头上的每一件事做得更好，使自己变得更出色。他们会时刻提醒自己要用实力赢得一切，踏实地工作和不断的学习才是突出重围的最佳途径。

很多人在职场上工作了数年之后，看着昔日的同事因为频繁地跳槽而在短短的时间内获得了满意的职位，而自己虽然和他同时起步却进步甚微于是便心理失衡，认为在一个公司努力的晋升速度比不上跳槽换一个公司来得快。于是便萌生了跳槽的念头；也有些人对自己没有一个明确的职业定位，不知道自己该干什么工作，所以总是频繁跳槽去尝试新的工作；还有些人工作没"常性"，一份工作刚做几天就觉得"没兴趣"或是嫌待遇不好便想跳槽。

有的人换工作如换衣服，甚至到最后自己都不记得自己具体做过什么了，那么，跳槽真的可以使自己的职业生涯峰回路转吗？

小于，在职场上也工作了好几年了。但每份工作都做不长。最长的没有超过一年。最近他又把前一个工作给辞了。这已经是他在本年度内第二次找工作了。现在每天早出晚归地出去找工作，忙得焦头烂额，疲惫不堪。

小于的前一份工作是在某房地产公司做销售。他对这份工作没有太大的热情。上班经常是无精打采、呵欠连天。对工作能拖则拖，实在躲不过去了，就稀里糊涂地应付了事。

这天，办公室同事都在忙着联系业务，有的在打电话，有的在接待客户。惟独小于坐在一边优哉游哉地上着网，心里还一边想着晚上和女朋友约会该去哪里。这不，下班时间还没到，他就坐不住了，想提前开溜。这样他就能够早点到女朋友那里报到了。他刚要走，看见主管朝他走来，只好又坐下了。主管把他叫到了办公室，对他说道："小于啊，对这份工作你是不是不喜欢啊？还是不太适应这里的工作环境呢？我看你整天无精打采的，也提不起精神来工作，这样可不行啊！公司需要的是做事的人，不是瞎混的人！"

小于听着领导的训话，心里挺不服气的，哼，有什么了不起的。大不了老子不干了，反正我对这个破工作也没什么兴趣。于是，一冲动，第二天就辞了职。接下来又开始了新一轮的求职生涯。

事实证明，频繁跳槽是弊大于利的。是不受用人单位欢迎的。我们每个人的职业生涯其实都是很短暂的，长的也不过 30 年左右，在这段时期内，谁都希望干成几件事。职业选择是为了寻找一个最适合自己的岗位，从而充分地体现出自我价值，有一番作为。所以职业选择一定要认真、慎重，本着对自我发展负责的态度，既不高估自己，也不低估自己，确定自我努力的方向、领域、待遇要求，一旦确定了工作就要踏踏实实地做一段时间，争取尽快做出成绩来，这也是对自我的一种肯定态度。

如果对自己没有明确的职业定位，能干什么，不能干什么都搞不清楚。长此以往，总是安定不下来，在哪里也扎不了根。这无疑于是自毁前程。

有个年轻人，大学毕业就到纽约，在一家出版社担任校对工作，一个星期只能挣 15 美元，而且还必须从早忙到晚。他的朋友们都劝他换一个工作，说这样低的工资不值得他如此卖力。可是他始终没有放弃，从不抱怨自己工资太低。他诚恳踏实的态度受到了老板的关注，一年以后，他的工资就涨到了每周 75 美元，并且被提拔到一个重要的部门。在新职位上，他继续保持自己良好的工作习惯，最后被提升到总编辑的位置上，成为出版社收入仅次于老板的人。

现在，越来越多的人加入到了跳槽大军之中。从表面上看，频繁地跳槽直接受到损害的是企业，但从更深层次的角度来看，对员工的伤害更深——无论是个人资源的积累，还是所养成的"这山望着那山高"的习惯，都使员工自身价值有所降低。这些人对自己的内心需求没有认真地反思，对自己奋斗的目标没有清晰的认识，自然无法选择自己的发展方向。

人一生要走许多路，才能到达自己想要去的地方。从职业的角度来看，一个人难免要调换几种工作。但是这种转换必须依托于整体的人生规划。盲目跳槽，虽然在新的工作环境里收入可能有所增加，但是，一旦养成了这种习惯，跳槽就不再是一种目的，而成为了一种惯性。

久而久之，自己就不再勇于面对现实，积极主动克服困难了，而是在一些冠冕堂皇的理由下回避、退缩。这些理由无非是不符合自己的兴趣爱好啦、老板不重视啦、命运不济啦、怀才不遇啦等等，整天幻想着跳到一个新的单位后所有的问题都迎刃而解了。其实，这往往导致了工作中的问题越来越多，而忠诚敬业的精神却渐渐淡漠了。

现在，越来越多的企业更倾向于从基层选拔公司的管理人员。这些企业认为，作为骨干的员工应该经得起"折腾"，经得起挫折的历练。如果一个人在工作中经不起挫折，不能在任何情况下都保持敬业的态度，踏踏实实地做好自己的本质工作，他就不具备成熟的职业人士的素质。

那么，他的职业发展空间就会受到阻碍。而那些频繁跳槽的人很显然是经受不住这种历练的。因此，优秀的员工都知道，在一家公司做出成绩需要一定的时间，不可能刚刚进入一家公司就一步跨上很高的职位。从这个角度来讲想借助频繁跳槽来寻找出路的员工，在职场中，是永远没有出头之日的。惟有踏踏实实，努力工作，不断学习，才是明智的选择。

理智越强，
发展越远

　　所谓办公室恋情，无非是将饭碗和感情绑在一起，但这样一来麻烦也就跟着来了。员工有错，领导批评一顿再自然不过，但领导若是情人，对不起，昨天你还和我在一起花前月下、卿卿我我，回头就嫌我能力不足，我还不能和你顶两句？

请离办公室
恋情远一点

有一份调查发现，26.8%的职场单身人士承认自己有过办公室恋情和暧昧关系，调查中约1/3的公司对办公室恋情有限规。但在人人都喜欢大团圆的心理氛围中，96%的人认为办公室恋情应该保持或结婚。55%的人认为发生办公室恋情的双方留在同一单位是故事的最佳结局，37%的人认为至少一方应该离开现单位。

这些年办公室恋情层出不穷，实在是有一定的内在原因的。最重要一条便是：恋爱成本低——想想你去寻个陌生人相亲有多难？七拐八弯得用到多少人际关系，这关系里哪一重不费钱、费心、费时间？约会还是小钱，万一姑娘家住得远，双休日约个会路上要花3小时，这身心俱疲的。如此这番折腾，怎敌得过在一个办公室里，不用费心相识，还能早晚相见，甚至于中午捎带个便当就能轻松表情达意……

爱情是美妙无比的，大多数人也希望看到大团圆，但办公室恋情就另当别论了。因为职场暧昧终究属于人际关系里的高难度动作，其实一切掺杂着男女情爱的人际关系难度系数都很高。比如《甄嬛传》里，皇帝和嫔妃既是君臣关系，又是夫妻关系，要和一个拥有决定你生杀大权的人以两情相悦的原则滚床单，这事太难。同在一个单位，各部门盘根错节，人情复杂，许多事会给旁人带去不便。难怪有超过三分之一的人反对有了恋情的人还双双待在办公室，恐怕这也是爱情旁观者憋屈了好久忍不住发出的心声。

曾经火爆一时的电视剧《武林外传中》，身为老板的佟湘玉，与手下员工白展堂，由暧昧到牵手，然后分手，再复合，可谓是分分合合、曲曲折折，尝尽了爱情的滋味。而作为同事关系的吕秀才、郭芙蓉以及半路插进来的祝无双三个人，还上演了一出活色生香三转角恋情，真真热闹非凡。

其实，反观现代职场，办公室恋情又何尝不热闹、不精彩，明的暗的、遮遮掩掩、欲罢还休，使原本就已经非常热闹的职场，更添了一重春色。然而，热闹背后，更多的却是反思与警醒。虽说人生如戏，但现实生活，毕竟不同于荧屏上的故事那般美满如意。

事实上，办公室恋情非但没有电视剧里的那么美好，甚至还是麻烦的根源。比如武林外传里的祝无双，不但恋爱失败，还因此丢了工作。只落得个流落江湖、形影单只。

虽然很多人也都知道办公室恋情的种种负面影响，甚至会自己带来各种各样的麻烦。例如，朝夕相处容易让人乏味，也比如分手之后经常见面会很尴尬。然而即便是这样，不少白领还是会选择办公室恋情。那么，办公室恋情究竟有何魔力，惹得无数白领尽折腰呢？

诱因之一：繁忙的工作让我们无暇去寻找自己的另一半，每天处于单纯而固定的人际关系当中，也很少有机会认识更多异性朋友，于是婚姻大事只要就近解决。

诱因之二，办公室的同事互相都知根知底，不像酒吧、夜店那样给人不安全感与不自在感。于是，办公室恋情相对来说更易构成人与人之间的信任。

很多人不愿去惹办公室恋情，并非是不解风情，主要是因为更在乎自己的颜面，不愿意自己成为被众同事八卦的对象。比如，武林外传里的燕小六，和女下属祝无双天天在一起巡逻，却愣是擦不起半点火花。除了因为燕小六不解风情，恐怕也跟面子问题大有关联。

其实，不搞办公室恋情，不代表没有冀望憧憬过，也不代表心里没有过小九九。然而，长时间生活在别人的唾沫星子当中也并不好过，甚至可能背上许多稀奇古怪、莫须有的称呼和桥段，更导致了这样一个结论：这个人很开放，这个人没正经！于是，很多人虽然对异性同事很有好感，但还是选择了舍近求远，选择"只爱陌生人"。归根结底，还是因为，大家都宁愿自己是个旁观者，是那个编故事的人而非故事里的人。

客栈里的爱恨情仇，终归是故事，回归到现实之后，往往发现，办公室恋情并非如想象的那么美好。因此，无论是经历过还是没经历过的人，都对办公室恋情讳莫如深。而那些有过失败经历的人，尤其对此慎而重之，避而远之。

然而，感情的事是非理性的，一旦遇上了很难控制得住。

一旦情根深种，我们又该何去何从呢？

[对待办公室
暖昧之情需慎重]

为什么现在的职场会有越来越多的办公室恋情呢？对每天同处一室而感情又处于空白的男女同事而言，无疑是上天安排的最自然的相互了解与判断的机会，更重要的是越来越大的生活和工作压力，让人们心中的不安定感越来越强烈，每个人都想找个人倾诉，找个肩膀靠一靠，很自然，就产生了办公室情侣。

四十三岁的姚东是某公司的常务副总，由于表现出色，已被看好是未来总经理的接班人选。

但最近有人在老板面前揭发他在办公室大搞男女关系，老板找他谈话，婉转地暗示他与业务助理刘菲菲之间的绯闻，已严重地损害了公司的形象，并为公司内部的管理带来了诸多的麻烦。老板说，若不趁早有个了断，就别怪他不讲情面了。

姚东猜测这一定是另一位副总在暗中搞鬼，只是扪心自问，这也是自己给自己找麻烦，授人以柄。

半年前，由于工作需要，姚东在本公司20多名业务员中选中了26岁的刘菲菲做他的业务助理。

刘菲菲毕业于某大学企业管理专业，已经有了两年工作经验。漂亮大方，且善解人意，心思细密，交办的事项总是能够处理得周到圆满，因此很快就成了姚东的得力助手。

因业务需要，姚东常带着刘菲菲到各地分公司开会或拜访客户，两人也相对有了许多单独的相处时间。除了讨论公事之外，话题也开始扩大到彼此的生活种种。有一回，姚东问刘菲菲有没有男朋友，菲菲轻描淡写地说好男人都已成了别人的丈夫，不知道自己的真命天子何时才会出现，而且还特别强调说他比较喜欢成熟的男人。

接着，她话锋一转，反问姚东对外遇是什么看法。就在姚东不知如何回答时，她含情脉脉地望着姚东说，女人其实很注重感觉，能和自己心仪的男人在一起，就算是没有名分，也是一件幸福的事情。

刘菲菲的大胆表露让姚东不知所措。刘菲菲年轻貌美，浑身上下充满了朝气，对姚东有着致命的吸引力，另外，她性格温柔、善解人意，办事周到细致，这些都令姚东很动心。

但基于职场伦理，以及自己已婚的现状，姚东还是一直克制着心中的情愫。

然而，刘菲菲却加紧了她的爱情攻势。她不时主动地帮助姚东收拾办公室，每隔几天就在姚东的办公桌上摆上鲜花，笔筒内时时换上新削好的铅笔。有时，姚东忙工作没空出外吃中餐时，无需交代，她就会主动出去买回热腾腾的饭菜，送进办公室来。

而有时候晚上姚东需要加班时，全办公室的人都走光了，就剩刘菲菲一人仍然坐在计算机前忙碌，还不时走进姚东办公室，关心的询问有什么需要她帮忙的。

如此朝夕相处，日久生情实属必然。二人的感情迅速升温，经常成双入对共进晚餐，看电影喝咖啡，在一次晚上姚东送刘菲菲回家时，菲菲热情地邀请姚东上楼喝茶，接下来也就顺理成章地上了床，自此二人就成了亲密爱人。

随着感情的增长，几个月后，刘菲菲被升为业务部主管。姚东认为凭菲菲的能力，是完全可以胜任这个职位的，却想不到当上主管没两个星期就遭到了下属的"弹劾"。

几位女性业务员纷纷找姚东反映，刘菲菲官架十足，霸道专横，业务上的事情全是她一个人说了算，还警告她们几位经常提反对意见的业务员，如果谁不配合，就请趁早走人。

姚东心想：这可能是刘菲菲刚担任主管，不谙管理之道。也可能是菲菲恃宠生骄，认为有自己撑腰就变得无所顾忌。这样下去是不行的。所以趁二人相聚时刻，劝她还是不要锋芒太露了，应当加强与部属的沟通，多多安抚下属，也免得让他为难。而孙菲菲却听不进去。还埋怨姚东胳膊肘往外拐，帮着外人欺负她，说着说着还哭了起来。这让姚东无可奈何。

为了防止自己与刘菲菲的恋情曝光，姚东表面上不便过于偏袒刘菲菲，只好费了许多功夫安抚那几位业务员，风波才稍微平息。

平常在办公室里，出于避嫌的考虑，姚东还是会以上司的姿态对待刘菲菲。他觉得菲菲是个善解人意的人，应当能明白其中的道理。可是刘菲菲对此却非常不适应，她忍受不了姚东对她白天晚上两个样。因此，常常闹情绪，有时候当场叫姚东下不了台。

在刘菲菲心目中，姚东已经是她的男人了。于是在很多场合里，常有意无意地显示出二人的特殊关系。比如同事大家一起聚会时，她一定坐到姚东身边，帮他夹菜、倒酒。

而平日中午休息时，刘菲菲也一定等着和姚东一块外出用餐；下了班也待在办公室里，等着姚东开车送她回家。

对于刘菲菲的种种做法，姚东渐渐地感到吃不消了，曾多次劝说刘菲菲在同事面前要与他保持一点距离，以免引发不必要的麻烦。刘菲菲则不以为然，她认为这是姚东变心的前兆。得到她了就不珍惜了。还埋怨姚东从来不肯在她那里过夜，而且好久也没带她出去度假，享受二人独处的时光了。

于是，每回沟通到最后，姚东总觉得还是自己理亏，总是以刘菲菲胜利而告终。后来，两人一闹别扭，第二天上班刘菲菲就借故迟到，或者干脆不来上班。打电话给她，也不接，非得姚东上门赔罪，好言相劝才肯罢休。

就在姚东感到心力交瘁之际，同事间也开始传出姚副总与刘主管之间有一腿的说法。有人还绘声绘色地说，曾看到二人手牵手到某知名百货公司购物，下了班两人还关在副总的办公室里亲密等等。

公司内另一位副总听到这些传闻后，立刻向老板打小报告，还添油加醋地说了许多姚东的坏话。老板虽查无实据，但内心对姚东的评价却大打折扣，除要求他检点自己的行为外，并决定不再考虑提拔他的事情。

姚东目前不但升迁无望，且保住饭碗都成了问题，若想在公司继续干下去，他和刘菲菲之间势必有一个人要走。可是，他怎么能说出让刘菲菲走的话呢！况且，全公司上下的人如今对他都投来异样的眼光，他怎么能还呆得下去呢！最后无可奈何之下，姚东只好选择了辞职。

职场暧昧似乎是一个永恒的话题。办公室就是一个两性社会的缩影，对于办公室中的男性来说，无论是男上司还是男下属，他们对待办公室恋情都是采取"不主动，不拒绝"的态度。

为了不给自己招致不必要的麻烦，他们基本上是保持不主动的态度，即使对女人的追求很动心也会斟酌再三。

但是男人骨子里是希望得到更多女人仰视的，男人很难拒绝诱惑，因为花心是男人的天性。女人主动追求证明了自己的男性魅力，男人的占有欲和满足感令他们不想拒绝、不忍拒绝，也不愿意拒绝。

但是办公室毕竟是工作的场所，对于发生的恋情，如果处理不当，就很容易给自己带来不必要的困扰。

对于大多数公司管理者来说，办公室恋情是让人感到头疼的事。因为公司管理者一方面认为这种办公室恋情势必会影响到工作，导致工作中出现失误或错误，一方面又担心恋爱的双方会结成联盟帮派，在工作中相互为对方掩盖、庇护。对公司整体利益是没有一点好处的。所以一旦恋情公开，他们都会采取制止、打击甚至拆散的办法，让其中一个卷铺盖走人就达到了他们的目的。

在办公室谈恋爱，是不太明智的行为，它与上班炒股、玩电脑游戏本质上没有什么区别。两个相爱的人可能形成小圈子而排斥别的同事，从而影响了整个团队的人际交往。如果两个相爱的人在办公室表现出过度亲密，就会影响其他同事的工作，进而影响整体的工作气氛。

此外，恋爱中的人都不太理智，如果两人产生矛盾，势必会把这种情绪带到工作中。万一分手了，两人很难冷静面对彼此，很容易干扰到彼此的工作。所以，办公室恋情确实比普通的恋情处理起来更麻烦。

穿梭在办公室里的男人们，处在庸常的生活状态中却也想去品味一番别样的激情，他们既向往浪漫又不得不受各种规则的约束，这就是办公室恋情中男人不主动却又不拒绝的原因。他们在矛盾的两难里面艰难地抉择着，一次次地上演着属于办公室里的独有的暧昧。

由于受中国几千年传统文化和观念的影响，这种办公室恋情是不被人看好的，如果处理得不好的话，是很危险的，如案例中的主人公姚东就是这样一个典型。因此，对待办公室恋情，一定要再三权衡，妥善地处理好。

别让办公室恋情影响了公平公正的工作原则

近日，某网站就"办公室恋情"问题做了一个调查。关于"你是否有过办公室恋情"的问题，有 3901 人参与了回答。参与此次回答的男性比例为 48.5%，女性比例为 51.15%。这表明，对办公室恋情的关注，男女比例相差不大，女性对这个话题还略微比男性更感兴趣一些。

在关于"你周围的办公室恋情最终是否修成正果"的问题中，51.4% 的被调查者都选择了"是，从恋爱到结婚"。该项调查共有近 3500 位职场人士参与，其中男性占了 46%，女性占了 54%。调查显示，准备经历、正在经历与已经经历办公室恋情的总计达到了 61%。那么，为什么有些人可以修成正果而有些人的恋情只能成为工作的牺牲品呢？其中很重要的一条就是能否做到公私分明。

对于办公室恋情，大部分人认为两个人在恋爱中工作可以增加工作的动力是好事，但是也有人极力反对，觉得办公室恋情打破了同事间的平衡，尤其是与领导恋情的不公平，明确反对办公室恋情。那么，一旦自己的恋人是自己的上司或者下属，就带来了更大的挑战。

最近某公司的管理陷入一片混乱，会计也辞职不干了。原因是因为假发票的事情，为什么会计会因为假发票一事辞职呢？

原来，公司的账务一直存在着很大的问题，很多花费都对不上，注册三年为了逃避年终营业税，都报了盈亏，今年是第四个年头了，又报了盈亏，这引起了有关部门的怀疑，开始要求查公司的账务账目，情急之下，公司的"二把手"竟然让会计去买点假发票来填补空缺的账目，会计觉得宁可不要这份工作也不能给自己的职业生涯留下污点，违法的是事情，一旦公司被查，自己也要受牵连，所以以辞职作为抗议，离开了公司。

那么，这位"二把手"又是何许人呢？在外人看来这个叫丽丽的女人和其他员工没有什么区别，除了嘴巴能说了点、打扮花哨了点，事实上这个丽丽正是公司的二把手，也就是除了老总之外，第二个能够指使其他员工的人。丽丽的具体职位是老总的助理，其实说白了就是老总的情人。两人关系十分暧昧，在公司当着员工的面也毫不避讳，让员工们十分反感。最近老总出差了，丽丽就开始代替老总行使"二把手"的权力了。

跟她顶了几句嘴的员工就被她直接开除了，如今会计也因为丽丽让她去买假发票而离职了。

可能是有所依仗吧，丽丽在公司很强势，一有什么不顺心的事就拿员工出气。搞得大家心里都愤愤不平，想到被这样一个没有什么能力只靠出卖色相取悦老板的人指挥来指挥去，大家心里就说不出的气。平时哪个员工迟到了或者请假了，丽丽都要到老总面前去添油加醋地告状。

老总对丽丽的话是言听计从，不分青红皂白地对员工进行处罚，尤其是丽丽和其他员工发生争执时，也也明显地偏袒丽丽，搞得大家心里十分不爽。大家觉得跟这样一个糊涂的老总共事，是没有什么前途的。如今公司的账目出现了问题，一旦倒闭，可就白干了，于是大家商量后一起给老板写了一封辞职信，公司全体员工辞职了。

老总回来一看，公司早已被查封，员工也不知去向，连自己的情人晶晶也不见了踪影。老总彻底傻眼了。

之所以每天都有那么多的办公室恋情滋生，其实是有原因的，想想办公室恋情还是有比较温馨的一面，比如加班有人陪，便不会感到孤独，工作效率也会因此通过。但是一旦面临办公室恋人是自己的上司或者下属就要格外小心了。就像这位老总和自己的情人丽丽一样，先不管是婚外恋或者正常的恋爱，要想能够长久或者修成正果，首先就要做到公平公正，公私分明，在不影响工作的前提下进行。久而久之，众人也就见怪不怪了。自然这种办公室恋情就可以光明正大地进行了，也就不必有那么多的顾虑了。

正确面对办公室恋情

大家知道，现在的职场产生了越来越多的的办公室恋情。

有关调查显示，办公室里总有几对的公司占了 42.0%；不是很多的 22.6%；不太确定，也许有的比例是 18.4%；而认为很普遍的也有 16.95%。

由于办公室里的人们年龄相仿，互相交流的话题，无论从工作到生活都存在着很多共同的语言，每天活动在办公室的时间比在家的时间还多，互相之间的了解比社交活动或业余时间认识的朋友要深的多，情投意合，甚至日久生情，亦在情理之中。

李伟是某公司的营销主管，张静和他是同事，在公司公关部工作。由于工作的关系，两人经常接触。以至于日久生情。

后来，李伟每次出去谈判，都会带上张静，两个人双宿双栖，形影不离，成了公司里众人皆知的秘密。

经理为此找到李伟，劝他不要把爱情和工作混在一起，弄得公司里流言蜚语满天飞，但李伟却很不以为然，他说和谁恋爱是自己的自由，公司无权干涉，再说又没有影响到工作，而且张静的公关能力很强，带上她去谈判，每次都能大获全胜，希望经理能够成全他们。

因为李伟有着良好的工作业绩，而且手中有着庞大的客户资源，经理也没再说什么。但两个月后，营销部来了一名副主管，这名副主管很有魄力，而且有着丰富的工作经验，不到三个月，就把李伟手中的客户资源都争取了过来，后来，这位副主管毫无疑问地取代了李伟的位置。

又过了一个月，李伟和张静一起去参加一个谈判，在谈判中两人发生了很大的分歧，甚至当着客户的面就争执起来，吵得面红耳赤，最终导致谈判以失败而告终，十几万元的利益从眼皮底下溜走，经理非常生气，以此为借口，双双辞退了二人。

二人离开公司后，就分道扬镳了。

因为办公室本来就是个工作的地方，一旦发生办公室恋情，就是个有噱头的事情。再加上同事们的闲言碎语，难免会让自己感到压力重重。

虽然大家都知道办公室恋情的危害，也会尽量远离它，但是感情的事有时候是不完全受人控制的。一旦感情来了，犹如洪水猛兽一般，是挡也挡不住的。那么，每个职场人士该如何面对办公室恋情呢？

一、了解公司的看法

公司对办公室恋情的看法十分重要，目前为止绝大部分的公司对待员工之间的恋情都是持否定态度的。因为其中牵扯到管理等各方面的因素太多。所以，一旦决定开展办公室恋情，当事者应该十分谨慎，并且一定要设法了解公司对待办公室恋情的看法。

二、不要让情绪波动

通常情况下，沉溺于爱情的人往往反应比较迟钝，容易自我陶醉做白日梦，这样就在无形中浪费了工作时间。所以，当事人一定要控制住之间的情绪。不要让情绪随意波动。这样，才可以将对自己和同事的影响降到最低。只有在办公室恋情不损害你的工作表现以及同事的工作时，这时候你们的恋情才能得到同事的接纳和祝福。

三、在工作时控制感情

办公室不是咖啡厅，不要将办公室当成恋爱宝地。在工作时，要控制自己的感情，将火热的爱恋之情留到下班以后的时间再表现，千万不要在办公室里无所顾忌地眉目传情或者是伺机亲热，否则很容易引起同事的反感，成为他们茶余饭后的谈资。

四、处理好曝光后的恋情

恋情暴露以后怎么处理是办公室恋情的关键点。让一个失恋的人从爱情中痊愈，已经是很不容易的事了，假如还要和旧情人在一个办公室里继续工作，无异于往伤口上撒盐。大多数人不愿意与同事恋爱就是因为这个原因，大家都害怕承担分手后的结果。所以，一旦办公室恋情大白于天下，一定要谨慎、周全地处理好。

别让办公室恋情
影响了你的职业生涯

一般说来，所有的恋情都应该有其基本的游戏规范，也为大多数人所接受。现如今经济高度发达，人们的生活节奏日趋加快，很多上班族都没有时间关注自己的感情问题，所以，办公室恋情的发生频率也越来越高，其实这些都是可以理解的。两个年轻人长期处在一个办公室，而且事业目标一致，长期合作状态下能够比较客观地了解彼此的个性，而且看到的出色的一面往往大于平庸的一面，产生情愫、萌生爱意也是很正常的。

但是，办公室恋情有其特殊性，在普通恋爱关系中的游戏规则中，又掺杂了老板、上司、同事、薪水、职位等多种因素，使这种恋情变得扑朔迷离，有人曾经说，办公室恋情就像走钢丝，保持平衡最重要。

王旭是某企业的部门经理，他单身，年轻有为，成熟帅气，很招异性的爱慕。他的秘书陈盈是一个年轻漂亮的姑娘，大学刚毕业不久。

王旭很懂得体恤下属。当下属在工作中遇到什么问题的时候，他都会及时给予指导和帮助。

一次，秘书陈盈生病坚持上班，王旭出于关心，为她代买了午餐和药品，令陈盈十分感动。可这件事情之后，王旭感觉到陈盈对自己的态度渐渐发生了改变，不仅将自己当成工作上的领导，甚至还关心起自己的生活来。尤其是当两人独处时，王旭总能感觉到陈盈火辣辣的目光。

在一次聚会上，王旭暗示陈盈，自己对她并没有工作之外的想法，办公室恋情对各自的发展并没有好处。但陈盈并不在乎王旭的拒绝，依然执著地追求上司。

王旭并不想与陈盈之间发生什么恋情，但又不知该如何面对。何况，一个漂亮女孩追求自己，总不是一件坏事。因此，他也没有明显地拒绝陈盈。而陈盈则展开了更猛烈的爱情攻势，并在公开的场合表示自己喜欢王旭。

此事闹得沸沸扬扬，很快便传到了总经理的耳朵里，有人向总经理告状，称王旭利用职权与漂亮女下属之间发生某种交易。

没过多久，公司将王旭调离了原来的部门，去任了一个可有可无的闲差。

很多公司都禁止员工谈恋爱，因为老板无法相信两个在办公室眉来眼去的人，会把精力全部放在工作上。很多办公室恋情的结局都告诉我们，一个人一旦卷入办公室恋情，职业生涯就会不可避免地受到影响，也许有人认为只要保密工作做得好，就不会有事，但是世界上没有不透风的墙，如果办公室恋情不幸夭折，当事者不仅要承担感情的伤痛，还要承担舆论的压力。

所以说办公室恋情是柄"双刃剑"，如何妥当处理，全看分寸如何掌握。即使与异性下属没有什么实质的纠葛，暧昧关系总会产生不良影响，阻碍个人职业发展，甚至毁了一个人的职业生涯。

作为女性，陈盈应该明白一个道理：办公室恋情更应该现实一点，办公室毕竟不同于大学校园，在大学里大胆示爱也许会获得他人的掌声以及鼓励。而进入职场后，就应该学会收敛自己的感情，假如想在职场上有所作为，对办公室恋情，还是应该采取谨慎的态度。

可以恋爱，
但更要公私分明和独立

　　大家都看过《杜拉拉升职记》吧，杜拉拉与销售总监王伟的一段办公室恋情虽然最终是圆满的结局，但在王伟离职前，两人并不敢公开恋情，因为公司规定同事之间不能谈恋爱，否则其中一个人必须辞职。办公室男女们，该如何对待这份感情呢？

　　赵宇是一家公司的设计总监。他为人谦和，业务水平过硬，工作能力很强。深得领导的信任。

　　冯娟是刚来公司的新人。有着高挑的身材和清纯的外貌，而且名校毕业，浑身上下洋溢着一股浓浓的书卷气。

　　赵宇咋一见冯娟就很有好感。冯娟正是她喜欢的那一类女孩子，相貌漂亮，个性沉静内敛，低调不张扬。

　　冯娟应聘的职位是设计工作。因为刚毕业没有工作经验，赵宇经常鼓励和帮助她。冯娟很感激赵宇对自己的帮助，久而久之，渐渐地对上司产生了一种异样的感觉。每天都盼着上班能见到他，喜欢听他说话，喜欢看着他专注工作的样子，只要能跟他在一起，心里就充满了甜蜜的感觉。

　　冯娟明白自己是爱上上司了，她当然不敢表露，只把这种情愫默默地藏在心里。但是，恋爱之中的人是心有灵犀的。赵宇还是从冯娟的眼神中读出了点什么。其实，他又何尝不喜欢冯娟呢，这个如天使般的女孩子，从第一次见到她起，就深深地打动了他的心。但是碍于两人在一个公司工作，自己又是她的上司，他不想让别人说三道四，所以，一直克制着自己的感情。

有一次，天气很冷，赵宇来上班时，由于穿得太少不慎被冻感冒了，浑身发冷、酸软无力，下午还开始发起了低烧。经理让他回去休息，他硬是不肯，非要支撑着工作。冯娟看在眼里，疼在心上，等到晚上下班时，别人都走了，冯娟要陪赵宇去看病。开始赵宇不肯，总是说没事，回去吃点药就好了，见赵宇那么固执，冯娟急得眼泪都下来了。看见心仪的姑娘为自己流出了眼泪，赵宇很感动，赶忙乖乖地答应去。后来，冯娟陪赵宇看完了病，又打车把他送回了家，才放心地回去了。

从此以后，两人的心仿佛一下子贴近了。虽然谁都没有表明什么。但彼此心照不宣。通过这段时间的相处，赵宇感到冯娟不仅长得漂亮，而且心地善良，温柔体贴，善解人意。他觉得冯娟就是他一直苦苦寻找和期待的另一半，他真想时时刻刻和冯娟在一起，但现在两个人在一个公司工作，又是上下级关系，怎么能够谈恋爱呢！

理智告诉赵宇这是不可行的。在一家公司里，想把单纯的同事关系、上下级关系处理好都是件难事，现在如果在他和冯娟之间又加上一层恋人关系，一切都将变得更加复杂，对他、对冯娟、对其他同事都是一种尴尬的局面。再说冯娟又是赵宇的直接下属，无论赵宇如何尽力做到一碗水端平，所有同事尤其是赵宇的其他下属都会有微词，因为在别人眼里冯娟的身份已经比其他人特殊，这就给赵宇和冯娟在公司的发展埋下了隐患，公司的高层和同事都不希望看到在自己身边出现这么一对恋人，大家都会觉得不舒服。而且，万一赵宇利用工作之便，天天和冯娟"腻"在一起，会不会沉迷于其中而丧失斗志呢？

如果两个人要恋爱，就只有一个人离开公司，会是自己吗？赵宇心中十分矛盾，自己经过十多年的苦苦奋斗，才获得了今天的职位，真的太不容易了，怎么能说放弃就放弃呢！那么就只有让冯娟离开公司，可是他怎么向冯娟开口呢。

这天下班后，两人约好了去喝咖啡，冯娟看起来很高兴，脸上难掩幸福的表情。当赵宇终于下了狠心，压抑着自己对冯娟的不舍，提议冯娟换一家公司时，冯娟的眼神黯淡下来，脸上也没了笑容，垂着眼皮说："我明白你的意思，你是觉得如果和我好了，以后会妨碍你在公司的发展。"

赵宇一看她这样，心又软了，便安慰说："这应该是件好事呀，我不想和你一直在一家公司里工作，说明我对你是认真的嘛，很想和你有一个好的结果。"

冯娟叹了口气，过了一会儿才幽幽地说："唉，我只想和你在一起，哪怕多一分钟也好，谁知道能有多久，我就是不想和你分开。你让我离开公司，可现在找工作哪那么容易呀？我一切还要从头开始，你说，你是不是让我牺牲得太大啦？"

赵宇实在不忍心让冯娟为了自己付出这么大的代价。冯娟不是一个没有事业心的人，自从来公司后，冯娟一直非常努力，而且很有灵气，工作上已经取得了一些成绩，这也是有目共睹的。

却因为和自己的关系，就不得不选择离开，今后她能否找到满意的工作，能否在新的岗位上作出成绩来，这个过程会有多长，一切都是未知数。赵宇明白以冯娟对自己的感情，她最终会愿意做出这些牺牲，但自己是不是太自私了呢？

难道办公室恋情真的行不通吗？如果赵宇和冯娟要做恋人，他们中就至少要有一个人的职业生涯发生重大的变故，理智与情感，难道就真的不能两全吗？赵宇一时陷入苦闷之中。

对于多数年轻人而言，工作带来的最大收获是什么？除了金钱和事业的成功之外，大概感情的归属问题也要考虑在内吧。尤其是处在那种青年男女较多的公司，大家每天朝夕相处，做相同的工作，共同克服困难，保不准什么时候就从同事变成了好友，从好友升级为情侣……

男女相恋，原本无可厚非，只是由于办公室恋情产生的地方乃工作场所，于是便成为了敏感的话题，甚至成为被多数老板深恶痛疾的工作效率下滑的根源，很多大公司都会有这样一条成文或不成文的规矩：公司内部员工不得恋爱，否则就请另谋高就，要么要工作，要么要爱情，想鱼和熊掌兼得，门儿都没有！

其实，老板们的顾虑也并非空穴来风，有句话说得好，恋爱中的女人智商为零，恋爱中的男人没有智商。爱情会使人头脑发热，这是无可争议的事实。若是在工作的8小时之外亲热一下当然没有问题，可倘若两人在办公室里就亲热起来，或眉目传情卿卿我我，或暗送秋波、勾肩搭背，且不说会招来周围其他同事的反感，也不可避免地会影响工作，这当然是老板们不愿意看到的事情。

也许有人会觉得，男女搭配，干活不累。工作原本就枯燥乏味，若能有爱情的滋润，不仅不会影响工作，反而会提升工作的效率。毕竟，两人共同学习，共同工作，共同进步，这是多么美好的事情啊。在理想的状态下，这种情况当然可以实现，可问题在于——理想与现实之间永远有一段无法弥补的差距。现实中的情形常常会演变成这样：女孩工作忙不过来，于是找来男友帮忙，男友当然责无旁贷，放下手中的工作就去帮助女友。结果，女孩的工作倒是搞定了，男友的工作却被耽误了，不仅会招来周围同事的议论，更会招致老板的不满和训斥，长此下去，必然会影响到工作。

如果恋爱双方为上下级关系，像赵宇和冯娟那样，事情就变得更加复杂了，身为下级的一方即便是完全凭借自己的本事和努力获得了诸如加薪、升职等待遇，都会招致别人的曲解——谁让人家有靠山呢？这诸多的麻烦事会让恋爱的双方感觉压力重重，无法放松地全身心地投入到恋爱之中，这样两人都会感觉到压抑和疲惫，不良的情绪势必会影响到工作。因此，若想恋爱顺利进行下去，有一个圆满的结局，就势必要有一个人作出牺牲——离开原来的公司。其实，两人不在同一个公司工作，还是有很多益处的。每个人都需要有属于自己的独立的空间，即使靠得再近的人，也还是需要距离的，特别是恋爱中的人，空间的压缩会带来很多负面效应——我们的生活圈子小了，我们的精力分散了，我们的话题简单了。

如果两人不在同一家公司工作，就意味着彼此有了更多的空间，也就有了更多的话题。这样彼此可以大胆地谈论工作，并做对方的第一参谋。更重要的是，由于两人现在不能时时相伴左右，所以就会特别珍惜相逢的每一刻。而两人的恋情也终于可以"光明正大"地展露于世人了。那样两人才会真正地体味到"自由恋爱"的可贵，那种浪漫、甜蜜和温馨足以让两人忘却一切烦恼，尽情地投入进去。这样难道不是更好的结局吗？

与异性同事 相处勿越界

身在职场中，和异性同事相处还是要讲究分寸的。不要以为大家只是在工作中相处，就可以忽略彼此的性别。办公室本就是个是非之地，流言蜚语甚多，异性同事之间生来就有着性别的差异，因此一定要注意双方之间的恰当距离，把握好交往的尺度。

换个角度来说，办公室就是一个小的两性社会，也可以说它是两性社会的缩影。男女同事之间的交往，应该遵循一个重要的行为准则：大方不轻浮，亲近但不亲密，否则，很容易为自己招来麻烦。简单地说，在工作过程中，只要把心态放平，正常大方地与异性相处，就一定能够处理好与同事之间的关系，成为办公室里受欢迎的人。

李珊今年28岁，现在是一家公司的人事主管。刚进公司时，李珊才大学毕业，没有任何工作经验的她在公司里做一个小小的文员。靠着自己的努力，一步步地做到了现在的位置。

在工作中，她也不是一帆风顺的。刚进公司时，李珊是个不谙世事的女孩，性格大大咧咧的，跟谁都嘻嘻哈哈的。她很少对男同事和女同事加以区别，在她眼里大家都一样，很快，李珊就和大家打成了一片。那时候，办公室里有个小伙子性格比较内向，平日里在办公室里沉默寡言，也很少和大家接触。李珊觉得他这样太不合群了，看起来很孤单。于是就经常主动找他聊天，下了班以后两人还经常一起去吃饭。但渐渐的，李珊听一个要好的同事说别人在传她和那个小伙子的闲话，这让她很生气。她从这件事中吸取了教训，从此刻意地与那个小伙子保持距离，一段时间后，那些流言就消失了。

从那件事中，李珊深知男女有别，不管是男性上司还是同事，都应该保持距离，不要过于亲密。有一段时间，公司的工作非常忙，李珊的上司王主管对李珊非常关照，不仅在生活上关心她，工作上也尽力帮助她，他甚至会加班为李珊写一些文件，或者分担一些工作。有同事经常和李珊开玩笑："李珊，你真够有福气的，有上司那么无微不至地关心着……"李珊听出了同事的弦外之音，她知道这样长时间下去，自己欠主管的人情越来越多了，迟早自己也得搭进去。她明白自己应该怎么做。

于是，李珊会趁着没有其他同事在场的时候，真诚地对王主管说："主管，谢谢你这段时间以来对我的帮助。在我心里，一直把你当哥哥一样看待。我会好好努力的，不会辜负你对我的期望。"王主管第一次听李珊这么说话时，脸上的表情显得有点尴尬，但是赶忙掩饰过去了，其实，在他心里，对李珊还是"有点想法的"的，否则他不会那么不计报酬地帮助她，但是他摸不准李珊心里到底是怎么想的，所以不敢贸然行事。听李珊这样说，赶忙说："没什么，你不要客气，我看你手头上的事挺多的，反正我回去早也没什么事。"

从此以后，每次王主管帮助李珊时，她都会在没有其他同事的情况下，对他说："大哥，真的谢谢你，你辛苦了。"而王主管对李珊的看法也改变了许多，渐渐地从内心深处把李珊当成小妹妹来看，在她遇到困难时给她帮助。

李珊用自己的聪明、智慧与同事们相处得很融洽，三年后，李珊就顺利地完成了职场上的三级跳，成为公司最年轻的主管之一。

李珊算得上是一个非常聪明的职场女性，吃一堑长一智后，将自己与男同事之间的关系处理得非常恰当，并且在人际关系方面做得游刃有余，工作上更是迈上了一个新的台阶。

要想做到与异性同事相处得比较融洽又适度，必须遵循以下几个原则，才能够尽量减少麻烦。

一、说话把握分寸

男女同事相处在一个办公室中，交流是必不可少的，有时候为了活跃办公室的气氛，男女同事之间会打打闹闹，但一定要注意分寸，没有异性的时候，怎么打闹都不要紧。假如办公室有异性同事在的话，就应该讲究分寸，比如说有的男性职员在办公室不顾女同事在场讲一些"荤段子"等，不仅会影响到自己的形象，也是对女性同事的不尊重。

二、把握好交往的尺度

一般情况下，同事成为亲密朋友的很少，尤其是男女同事成为亲密朋友的就更少了。关于男女同事之间到底有没有真正的友谊存在这个话题已经讨论了很多年，得出的结论也是多种多样。因此，为了谨慎起见，还是不要与异性同事交往过密、过深，以免破坏了办公室男女同事之间正常的交流与合作，交流时应当以工作为重心。同事毕竟是有别于同学、朋友的，彼此之间交流的重点应该放在工作上，而不应该像与同学、朋友交流一样，海阔天空、家长里短地什么都说，尤其是与异性同事之间，更不能如此，一味地将自己的私人问题透露给对方，容易让对方产生误会，也容易让其他同事产生误会，对自己的人际交往会产生不利的影响。